JN246748

農業を繋ぐ人たち

宝は農村にあり

湯川真理子

西日本出版社

もくじ

はじめに

「農業っていいんじゃない」

そう思ったことはありませんか。農家は定年もなく、自分が食べたいものを作れ、農家カフェもできる。自分で育てたもので加工品も作れるし、育てる農作物も自分で決められる。そして地域を元気にするなどあらゆる可能性を秘めています。

農業に興味を持ち、起業したいという人が増えているのは、そう感じる人が増えていることの現れではないでしょうか。

近年、農家になりたいと希望する人に門戸が開かれてきました。徐々に就農へのハードルが下がり、後継ぎでなくても農業を職業にできるようになってきたのです。農業の知識や技術を学べる場が増え、農地を借りられる可能性も出てきました。やる気さえあればゼロからでも大歓迎と新規就農者への支援が盛んに行われています。

そうは言っても、明日から農家になれますと簡単にはいきません。後継ぎだとしても親がやってきたことを継承するだけでは立ちゆきません。生産しても採算が合わない、とてもじゃないけど農業だけでやっていけない、息子には継がせられないと嘆く農家の声も聞きます。農林水産省がまとめた農業構造動態調査によれば、農業就業人口は二〇〇万人割れ（二〇一六年二月一日現在）でした。およそ四世紀半前の一九九〇年に比べて四割も減少し、その半数近くは七〇歳以上です。

若い農業者が意欲を持って、新しい道を切り拓くしか日本の農業に未来はないのです。

一人の青年が、高齢化が進む地域に根付こうと就農したことで未来に咲く花の種となり、やがて実を結び、また、一つ二つと種が増えてゆきます。未来を見据えて農業に挑む若者たちは、やればできるという可能性を私たちに見せてくれます。野菜や果物を海外へ輸出することも夢ではありません。高齢化が進み、若い担い手が少ない農業が抱えている問題は、新規参入の大きなチャンスでもあります。

夢半ばで離農していく若者がいるのも現実ですが、それはどんな職業だって同じことです。シェフになりたいと資格を取って料理の技術を磨いたとしても、いざ店を持てば経営者です。お客さんに来てもらうためにどうすればいいのか、値段はいくらにするのか、メニュー構成は……と、常に考えていかなければ続けられません。

現代はサラリーマンもＯＬも生きにくい世の中になっているように思います。

「なんか辛いぞ」

そう思ったとき、農業も選択肢に加えてみませんか。

農業は、若い人が繋いでいかなければ廃れてしまいます。この本は「農業を繋いでいく」と決めた人々のリアルな物語です。

きっかけや経緯は千差万別ですが、農業を一生の仕事にしようと就農した人の実体験です。

自分でやるかやらないかは、ちょっとおいて、ぜひ一度読んでみてください。「誰でも一千万円稼げるぞ」なんて言いません。でも可能性もチャンスもあります。

私は農家の人に出会う度に「ちょっと幸せ」になり、「ちょっと勇気」をもらっています。みなさんにもそのお裾分けをさせてください。

第1章
塩人参『スウィートキャロットリリィ』を開発

鈴木啓之さん・薫さん
愛知県碧南市

就農・猛スピードで駆け抜けた三年間

『スウィートキャロットリリィ』この名前を聞いただけでどんな人参なんだろうと興味をそそられます。キュートな形の甘い人参に違いない、そう思いませんか。

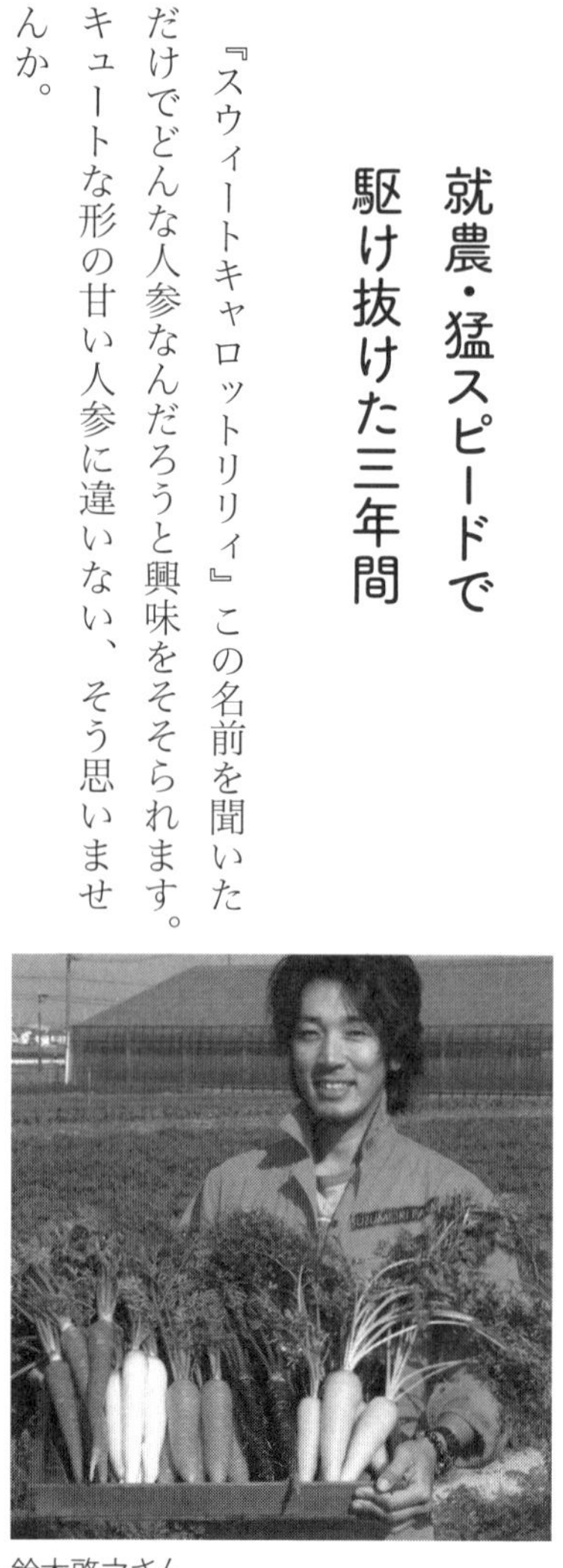
鈴木啓之さん

「いい名前付けているなあ。新品種の人参なのかな」そんなことを考えながら電話をした相手は鈴盛農園の鈴木啓之さん。新規就農者です。

「最初に人参の育て方を教えてくれたのがリリおばあちゃんだったんです」

だから甘い人参ができたときにおばあちゃんに敬意を払って『スウィートキャロットリリィ』と名付けました。おばあちゃんの名前がハイカラでよかったですね。昭和の初めに生まれた人とは思えない名前です。きよこさんとかふみこさんだったら、人参の名前に付けにくそう。きよこさんやふみこさんは、昭和ヒトケタ生まれの私の母親世代に多い名前です。

鈴木さんのおばあちゃんが「リリ」という名前だったのには理由がありました。リリおばあちゃんは五人兄弟で、雪のように肌が白かったお姉さんは、英語のSnowから「スノオ」と命名。お兄さんはGeorge「ジョージ」。末っ子のおばあちゃんは百合の花のLilyから とって「リリ」という名前になったそうです。ひいおじいちゃんは、日本でもアメリカでも通用する名前を付けていたんですね。彼の曾祖父であるリリおばあちゃんのお父さんは、今の愛知県碧南市出身で、明治の頃にロサンゼルスに渡り、土地を開拓し、イチゴ農園を始めて、ずいぶん成功していたそうです。リリおばあちゃんがお母さんのお腹にいるときに、ロサンゼルスから船で日本に帰国したのです。

リリおばあちゃんのご主人、鈴木さんのおじいちゃんは兼業農家でした。ご主人が亡くなってからは、小さな畑でリリおばあちゃんが人参を育てていました。

リリおばあちゃんは孫の鈴木さんに、農業で生きるのは大変だから他の仕事を探しなさいと常々言っていました。でも、鈴木さんが農業をすることになったとき、「孫が農業で頑張りたいって戻ってきてくれた」と、近所の農家さんに嬉しそうに話していたそうです。

鈴木さんが、農業をやりたいと思ったのは二〇〇九年。自動車関連企業のサラリーマンとしてバリバリ働いていたときのことです。当時、妊娠中だった奥さんの薫さんは、お正月休みに実家に帰っていました。それは、一月四日の鈴木さんからの電話で始まりました。

「僕、会社を辞めて農業をやるよ」

「へえ、そうなの。いいよ」

と返事をした薫さん。

「だって、あまりに唐突だったんで冗談だと思ったんです」

ところがどっこい、鈴木さんはいたって真剣でした。

薫さんには突然の告白でしたが、本人は、以前から自分で何か事業をしたいと考えていたのです。決してサラリーマン生活が嫌だったわけではありませんが、転機となったのは、薫さんの妊娠でした。やるなら父親になる前にやりたいと。事業＝農業と決めていたわけではなく、ビジネスになるのが農業だと思ったのです。

「自分で事業をするなら人の生活に密着した衣食住のどれかにしよう。中でも食は命に直結している、ビジネスとして必ず存在し続けるのは食に関係する仕事だ」

そう考えました。とはいえ、料理は一切やったことがないので飲食店は無理、それなら食材を作る農業をしよう。そう思い始めますが、農業のことはまったく知らない状態。農地もありません。いや、農地は何とかなるだろう。あれだけ、耕作放棄地が問題になっているし、後継者不足もある。それに周りを見渡しても農業をしている若者はいない、二〇代の僕がやれば喜ばれるかもしれない。これは、最高にいい職業を見つけたと納得。そして、一月四日の電話になったわけです。単なる思い付きでも冗談でもなかったのです。冗談ではないと知った薫さんですが、まったく動じませんでした。収入が不安定になるから会社を辞めないで、農業では食べていけないわ、とも言いませんでした。

「会社でもバリバリやっていたんで、農業をすることになっても頑張ってくれると思って反対しませんでした」

と薫さん。どんな仕事に就いてもきっと、自分のやり方で貫いてくれるだろうという確信がありました。もちろん、薫さんも農業経験はありません。収入の目途があったわけでも農地を借りられる当てがあったわけでもありません。ただ農業をやりたいという夫の志だけを受け入れました。

「もしかしたら、農家の人は自分で価格を決めて農作物を売ったりするのが面倒臭いと考えているんじゃないかなって思ったんです」

サラリーマン時代、モノを売ることやサービスを届けるということがどういうことか、常にお客さんの目線になって考えるべきだと叩きこまれ、業績も上げていました。一方、農家は作ったものを売るだけで、販売に関して工夫をしている人は少ない。農家は大いなる隙間産業だ。やり方次第で事業として成立すると考えました。価格が下がっているなら自分で販路を確保して、自分で価格を決めればいい。お客さん目線で販売すればいい。サラリーマン時代に叩き込まれたノウハウがあれば、勝てると思いました。農業に可能性があると確信しました。

「農家は苦労するだけで、おもしろくない」

と何人もの人に言われましたが、言われれば言われるほど、

「おもしろくすればいいいじゃないか」

とむしろファイトが湧いたのです。

逆張り（ぎゃくばり）の職業選択です。みんなが買わないときがチャンス。

しかし周囲からは、農業=食べていけないという決め付けが容赦なく襲いかかりました。

「あいつはフリーターになった、ニートになったらしいという噂まで流れたんです。貧乏になってかわいそうとわざわざ言ってくる人もいました」

リリおばあちゃんには五人の息子がいて、全員農家とは違う道を歩んでいます。自身もサラリーマンである父親も、

「農業だけで食べていけないのがわかっているのに、どうしてサラリーマンを辞めるんだ」

と、大反対しました。悔しくてたまらなかった鈴木さんは、だったら「カッコいい農家になってやる」と、決心します。鈴木さん二五歳、薫さん二四歳の春のことでした。

生まれ育った碧南市で農業をやろうと、まず市役所に相談に行きました。碧南市で農家になるには、市の取り決めで下限面積[※1]三〇アール（約三千平方メートル）の農地を一括で所有しているか、借り上げていなければならないという条件がありました。新規就農者には無理な話です。借りたくても素人に貸してくれるような農地もありません。そこで失業保険で食い繋ぎながら農業大学校に通う生活が始まりました。

リリおばあちゃんの小さな人参畑を手伝いながら、愛知県立農業大学校で一年間の研修を受けます。

研修を終えたあと、岡崎市の農業生産法人で働き始めた鈴木さんは、二四時間フル稼働でスケジュールをこなします。その頃は、リリおばあちゃんの一〇アール（約一千平方メートル）の人参畑と親戚の一〇アールの畑も一人で耕していました。薫さんは子育て中です。

まず出社前に畑で育てた人参を出荷しなければなりません。朝七時前に出荷を終えたら、すぐに車で四五分かけて農業法人に出社。八時から仕事です。朝ご飯は運転の合間の信号待ちに菓子パンを食べるだけ。夕方六時に終業すると、また四五分かけて帰宅。夕食も車の中でコンビニおにぎりです。帰ったらすぐに人参の収穫が待っています。頭にライトをつけて暗い中で収穫し、倉庫まで運んで夜の一〇時から洗浄。続いて袋詰め作業です。翌日の出荷準備が終わるともう夜中になっていました。家に帰って寝るのは夜中の二時。数時間後には人参を出荷しなければなりません。朝七時までに出荷を終えたら、また長い一日が始まります。

薫さんは心配していましたが、鈴木さんは辛いとは思っていませんでした。ただただ夢中で働いていたのです。いえ、働いていただけではありません。週末には別のことをしていました。

豊橋技術科学大学に通って、ＩＴ食農先導士[※2]養成プログラムを受講していたのです。一年間は週末に授業を受け、一年間はｅラーニングで学ぶ二年間のコースです。

さらに、「あいち青年農業者大会プロジェクト」で、自身が取り組んできた栽培方法を発表し、愛知県知事賞を受賞します。塩の力で土壌にミネラルを補充し、野菜の糖度や食味を上げる独自の塩農法の取り組みです。この塩農法こそが鈴木さんの人参を甘い特別な人参に育てるのです。このことは後々詳しく書きますが、このときはまだ正式な農家になっていないのです。

睡眠時間が少なく、食事も不規則で、酷いときはうまい棒一〇本が夕食という、めちゃくちゃな生活。体に良いわけがありません。ある日の早朝、畑でトラクターに乗っている最中に意識を失ってしまいました。ほとんどスピードを出していなかったからよかったものの、トラクターの中で意識を取り戻したときには鼻血まみれでした。

自分でも何が起こったのか把握できませんでした。きっと天からの警告です。あまりに無謀でした。今も忙しそうな彼に、

「ちゃんと食事していますか」

と思わず聞きました。

「あれから反省して、嫁さんがうちの野菜で作ってくれる料理をちゃんと食べています」

ほんと、しっかり食べないといい農家になれませんよ。こうして鈴木さんの三年間は猛スピードで過ぎて行きました。そして二〇一二年四月、「鈴盛農園」として開業届を出し、正式に独立となりました。

耕作放棄地を借りて人参を作る

当時、碧南市の取り決めでは、農業者になるためには三〇アール（約三千平方メートル）の農地がどうしても必要でした。農地くらいすぐに借りられると思っていたのは大きな誤算でした。

「水はけが悪くても荒れ地でも、どんな耕作放棄地でもやります」

農地を紹介してくれる農協の職員さんにはそう伝えて、何度も何度も足を運びました。自分の思いを伝えるしか術がありませんでした。碧南市は人参の産地、農地を借りたい人も多く、いい農地は争奪合戦です。どんな悪条件でも農地さえ借りられれば、こんな幸せなことはないと思っていました。

やっと見つかった三〇アール（約三千平方メートル）の土地は、本当に水はけの悪い耕作放棄地でした。地主さんにしてみれば、簡単に貸したくはないけれど、放置したままでは草刈りにもお金がかかるという気持ちだったらしいのです。

「畑の真ん中に梅の木と枇杷の木があったんですよ。笑うでしょ」

「抜いたんですか？」

「いいえ、余っているところで育てたらいいし。梅の木があるなら花見もできるし、梅も実る。梅干しを作ればいいし、ビワは採り放題。そう考えるようにしたんです」

なんと前向きなんでしょう。本当にものは考えようです。梅の木が邪魔だと思えば邪魔ですが、「梅の木のある人参畑」と思えばウキウキ……するかな。悪条件でも農地を借りられた喜びが勝っていたのでしょう。やっと本物の農家になれるという喜びがふつふつと湧き上がってきました。

約三年間、放置されていた農地を鈴木さんは耕し始めます。固まっていた土がほぐれて

いくと、

「ひょっとしたらいい農地かもしれない」

と感じ始めました。さっそく土壌診断をしてもらうと、なかなかよい結果が出ました。刈ったあとの草が土に抄きこまれ、地力になっていたのです。

二〇一二年九月、リリおばあちゃんと親戚から借りた農地を合わせ、ようやく五〇アール（約五千平方メートル）の農地を確保できました。

リリおばあちゃんに教えてもらうつもりで始めた人参栽培でしたが、孫が帰ってきて安心したのか、リリおばあちゃんは教えることができない健康状態になってしまいました。

仕方なく周りの人参農家の畑を見せてもらったり、声をかけて教えてもらったり、見よう見まねで育てた人参は、規格外のものがたくさん出てしまいました。人参は股根（またね）といって、二股になりやすく、そうなると味が同じでも規格外になり、引き取り手はありません。

そんなときに、

「その人参を買うよ」

という救世主のような青果問屋が現れたのです。

喜んできれいに洗って出荷します。が、買取り価格を聞いて愕然としました。一〇キログラム（おおよそ四〇本～五〇本）でたった五〇円です。タダより辛い値段です。タダならもらった人が喜んでくれます。大きなショックを受けましたが、この経験が転機になりました。どんな人参をどうやって育て、売ればいいのかを考え始めたのです。

「自分の販売したい値段でお客さんに喜んでもらえる、絶対においしい人参を作ろう」

この決意が、今に繋がる礎になりました。

柿のように甘い塩人参の誕生

農業を仕事にしようと決めた日から、農業をビジネスとして捉え、カッコいい農家を目指した鈴木さん。テレビやマスコミに取り上げられるような農家になってやるとも宣言していました。周りは、何を言っているんだろうとあきれ顔でしたが、ひたすら前に進もうと努力しました。有言実行のためには絶対の自信を持てる人参を作らなければなりません。まず選んだのは、大正時代からこの地で栽培されている在来種の『碧南鮮紅五寸(へきなんせんこうごすん)』です。昔ながらの人参は、味が濃く、色も鮮やかなのに栽培量は減少しています。その一番の理由は形が揃いにくいことです。袋詰めに不向きなため、農協の出荷規格に合わず、スーパーで販売するのにも適していません。

しかし、今、在来種の復活が各地で見直されています。野菜そのものの味がするからです。

歴史がある在来種は、その地方に伝わる名前で販売されています。しかし、鈴木さんは

『碧南鮮紅五寸』という名前ではなく、『スウィートキャロットリリィ』という名前で販売しています。鈴盛農園で育てた唯一無二の人参に付加価値を付け、買ってもらいたいからです。この『スウィートキャロットリリィ』は、農業法人で働いていたときに、すでに栽培方法を確立していました。愛知県知事賞を受賞した塩農法です。

「塩トマトが甘いなら、塩人参にしても甘くなるのでは」

思いついたものの、誰もやっていないことです。お手本がありません。一般に農地に塩をまくのは非常識なことでした。ですが、熊本では塩分が多く水分が少ない土地柄を逆手にとり、その塩分を生かした栽培方法で甘い塩トマトを育てていました。また、千葉には『九十九里浜　海っこねぎ』というブランドがありました。これは、台風で他の作物が枯れる中、潮風を受けて偶然甘くなったネギを元にＪＡ山武郡市と山武農業事務所が開発したねぎです。

スウィートキャロットリリィ

週末を利用して通っていた豊橋技術科学大学のＩＴ食農先導士養成プログラムの授業で事例として得た知識です。それから、インターネットや本で塩を活かした農法を調べ始めました。塩に含まれるミネラル分や海水塩が野菜の旨味や甘さに関係するのではないかと予測し、塩に耐性がある人参も可能性があるという考えに至ります。まだ農地を確保していない研修生のときのことです。人参でもやり方次第ではいけるかもしれない、予測を確信に変えるためにさっそく畑で実験開始です。

「在来種の人参だから、昔から地元に存在している塩がいい」

と、三河湾の『饗庭塩（あいばじお）※3』という幻の塩に目を付けました。この塩は市販されていません。江戸時代から三河湾沿岸の吉良地域で盛んに作られていましたが、生産者は途絶え、かろうじて保存会の人が作っているだけの非売品です。鈴木さんは、どうしても地元の塩を使いたいと、塩作りに参加することで、この貴重な塩を分けてもらえることになったのです。精製食塩と違い、海水塩なのでミネラルも豊富です。

畑を四つに区切り、それぞれ異なる濃度の塩水を散布し、人参を育てることにしました。濃度が濃すぎれば葉が枯れてしまい、薄すぎると甘さが増しません。濃度別に育った人参をジュースにし、糖度計で測ってみたところ、ごく薄い、ある濃度に希釈した塩水を撒いたときに、人参の糖度と味が上がることを突き止めました。愛知の農業大学校で追試験をしてもらい、同様の結果を得ることができました。

しかし、甘い人参が育っても塩による土壌汚染が出ては元も子もありません。豊橋技術科学大学には、土壌肥料の権威の先生がいました。試験結果を持って出向き、相談した結果、その心配はないというお墨付きをもらいました。ついに、土壌に塩というミネラル分を補充することで、野菜の糖度や味をあげる独自の栽培方法、塩農法を考え出したのです。

濃度を少しずつ変えながら何度も試行錯誤しました。さらに、塩農法だけに頼らず、乳酸菌、ヒジキを加工したあとに残る海藻エキス、ノニなどを加えることで微生物を増やす工夫をし、鈴盛農園の人参が完成しました。

『スウィートキャロットリリィ』は、そのままジューサーで搾るだけで、砂糖が入っているのかと思うほど甘い、フルーツのような人参です。

「塩分を加えることで人参が甘くなるのなら、他の農家さんも真似しないんですか」

「糖度は確実に上りますが、塩分を加えると規格外のサイズの人参ができやすいんで、普通の農家さんは怖くて塩をかけられないんです。僕のように規格外でもおいしいからと買ってくれるお客さんがいれば問題ないのですが」

畑に塩を散布中

売上げと手間を天秤にかければ、なかなかこの栽培方法に踏み切れないのです。市販の人参は、形が揃っている物がほとんどで、不揃いの人参は安く売られているのが現状です。鈴木さんの人参も最初はなかなか相手にしてもらえませんでした。

はじめから、農協を通さず直売所で販売をしようと決めていました。他の生産者の人参が一袋三本七〇〇円のときに、鈴盛農園の人参は三本二〇〇〇円に設定しました。その値段に驚いたのが直売所の担当者、細川さんです。

「こんな値段の高い人参はうちでは扱えない。野菜の値段が高い店だと思われたら困るから下げてくれ。売りたいなら一〇〇円を切る値段を付けて来い」

えらい剣幕で言われました。でも、ここで引き下がるわけにはいきません。自分の人参に自信がありました。

「なんだと」

「なんだ、若造」

取っ組み合いになりそうな気配に周囲は騒然。周りにいた人に止められたものの、にらみ合いが続きました。

「今に見とけ」

と闘志がメラメラ湧き起こり、何を言われても高い値段のまま店頭に並べました。そんなある日のこと、直売所の鈴盛農園の人参の横に手作りのＰＯＰが置かれていたのです。

「誰が作ったんですか、このＰＯＰ」

「俺だよ」

答えたのは、大ゲンカした細川さんです。新聞に鈴木さんの人参が取り上げられた翌日の出来事でした。ＰＯＰには、鈴木さんが掲載された記事を切り抜いてラミネート加工し、手書きで「生産者の鈴木さんが取り上げられました！」と書かれていました。どんな人参か、その物語を知り、他の人参とは違う理由もわかってもらえたのです。細川さんはきっと照れくさかったのでしょう、手作りＰＯＰがごめんなさいの印でした。

鈴木さんも、きちんと伝えるべきだったと反省して仲直り。今では心強い味方となり、鈴盛農園コーナーまで作ってくれています。

最初は、とにかく変わった農家だと思われていたようで、周囲からは、遠巻きに様子見をされている感じでした。そんな中、一人の年配の農家さんが、

「お前、変わったことやってるな」

と言いながら畑の人参を見て、

「よさそうな人参や」

と感心してくれました。見事に育った人参を見て、ちゃんと認めてくれる先輩農家もいたのです。その日から時々畑にやって来ては、

「お前ところの畑、なんか草っぽくなってきたぞ」

などとさり気なくアドバイスをしてくれるようになりました。

とはいえ、出る杭は打たれると言います。人と違ったことをすると、言わなくてもいいことをわざわざ言いに来る人も出てきます。面と向かって様々な中傷をされました。でも、それがタフさを養ってくれ、「それなら人の一〇倍のペースで働いて見返してやる」と反骨精神が芽生えました。

人の一〇倍のスピードで

農家になると決意してから、鈴木さんは全速力で階段を駆け上がりました。正式に開業する前から、作ること、売ること、経営すること、農場のすべてを一人でやっていました。農家が最も苦手とする販路開拓も持ち前のガッツでものにします。最初の営業先は、飛び込みで交渉したモデルルームでした。

「その会社のブログに、創業六〇年・地域のために貢献したい。と書かれていたんです。で、『僕、農業をやっています。一緒にやらせてください』って直談判しました。実は端境期で、売る野菜はあまりなかったんですが」

直談判は見事に成功し、モデルルームに直売所ができました。

野菜ができてから売り先を考えるのではなく、まず売り先を確保するというのは、なかなかできないことです。次に考えたのは、移動型露店カフェ「農　Ｃａｆｅ」。マルシェやイベントなどに出て行こうとしました。露天営業の飲食許可を取り、カフェメニューを考え、すぐにスタートしました。この頃、手当たり次第にマルシェに出展し、野菜販売をしていましたが、野菜を求められていないときもあり、それならカフェ付きで野菜を販売しようと考えたのです。カフェメニューも凝りました。フェアトレードのコーヒー豆を使い、ヤーコンの葉っぱを加えたヤーコンコーヒー、野菜ジュース、豚汁などをメニューとして提供しました。お客さんの反応もよく、手ごたえもあり、知名度も上がって、野菜も売れ出しました。しかし、最初は日銭が入って嬉しかったのですが、一日中、本気で頑張っても売上げが一万円程度。よくて五万円が精いっぱいです。しかも準備と出店に時間を取られてしまいます。鈴木さんは、栽培に時間をかけるために、一年できっぱりやめることにしました。二〇一二年四月に鈴盛農園を開業してからはさらに加速し、愛知県知事認定就農者認定を取得し、耕作地は七〇アール（約七千平方メートル）に増加、売上げ約四〇〇万円。

二〇一四年には、耕作面積一・二ヘクタール（約一万二千平方メートル）に増加。農林水産省・六次産業化事業認定取得。さすがに人手不足になったので、妹の彼氏を「トラクターの乗り方教えるよ」と誘い込み、さらに女性の研修生も加わりました。売上げ約一千万円弱。

二〇一五年、耕作面積二ヘクタール（約二万平方メートル）。夏には、当時一九歳の浪人生だった林克典さんが参入。今、鈴木さんの片腕として重要な役割を担っています。碧南市の農家は家族経営が多く、人を雇っているところはほとんどありませんが、鈴盛農園は独立三年目にしてスタッフを入れます。薫さんも手伝うようになり、主要メンバーは三人で、足りない労働力はシルバー人材センターにお願いしました。

薫さんが手伝い始めたきっかけは、

「私が手伝えば、もう少し早く帰ってきてもらえるかなって」

そう思ったからでした。

この頃になると、周年で作れるものが固まってきました。ベースは、ここの土壌でうまく作れて日持ちがする、人参、ジャガイモ、玉ねぎ、サツマイモ、里芋です。

販売は、自社サイトでの通販、産直の直売所・道の駅など県内外の直販です。もちろん、すべて自分で値段を決めて出荷できるところです。

二〇一六年、碧南市認定農業者[※4]の認定を取得。夫婦以外に社員二名、袋詰めなどのスタッフ数名の農場となりました。私が鈴木さんを知ったのはこの頃です。経費は設備投資の割合が多く、一般的に売上げの五〇パーセントと言われている利益率には届いていません。五年後には本来の利益率になるように計画を立てており、今はそのための設備投資です。

農業に一般企業の手法を取り入れる

サラリーマン経験がある鈴木さんから見て、農業の業界は生産技術のデータを取るより長年の勘、消費者のメリットより販売先の理屈に振り回される、小売先に役立つ物語を伝えようとしない等、ビジネスとして独特なものでした。

農業をビジネスとして捉えていないために、企業が普通にやっていることをしていません。鈴木さんはサラリーマン時代に当たり前にやっていたことを導入していきました。真っ先にやったのが、タイムカードの導入と就業規則作り。社員は朝九時に出社し、一八時で仕事を終えます。週休二日制です。全員、非農家出身です。

さらに、売ってくれる人が売りやすい環境を整えていきました。他の品種の三倍近い値段の人参は、そのままではお客さんに受け入れてもらえません。価格に見合う情報提供を行えるように、商品にＰＯＰを付け、店頭用資料を販売店に持ち込みました。夜なべして作ったＰＯＰには、生産過程の物語を伝え、値段が高くても納得して買ってもらうための情報を盛り込みました。本人の顔写真に名前、畑の収穫風景、人参ができるまでの写真、そして、「この人参、驚きの甘さ」「フルーツみたいな甘〜い人参」「塩のチカラで育てた甘い人参 スウィートキャロットリリィ」等々、キャッチコピーも書きました。

人参も大根も、ぱっと見ただけでは味はわかりません。少しでも作り手の物語が見えたら、消費者はそこに共感できます。高いなりの理由を知ることで安心感が生まれ、購入動機に繋がります。本の帯のように野菜にも帯を付ければいいんです。その代わり、普通の物語では手に取ってもらえません。農家が一生懸命作ったというだけでは物語ではありません。一生懸命は当たり前であり、どう一生懸命だったかを具体的な物語として伝えなければなりません。

販売促進の考え方と手法で、売り手側も売りやすくなり、生産者と販売者、双方に利益が出ます。成果は取扱店が増えたことが証明しています。

鈴盛農園では四季を通じて三〇品目ほどの野菜の生産・加工・販売を行っています。看板商品の『スウィートキャロットリリィ』を始め、誰が食べてもおいしいと感じてもらえる人参を絶えず意識しています。その一つに七色の『しあわせのカラフルにんじん』があります。オレンジや赤だけじゃない、見て楽しいカラフルさ、食べて楽しい味の違いがあります。中でも黒い人参の甘さは、かなりのものです。

カラフルニンジン

さらに、ブルガリアンローズの香りがする『アロマレッド』という新品種も栽培しています。香水の原料となるブルガリアンローズの香り成分の一つ「ベーター・ダマセノン（β-damascenone）」が多く含まれているところから付けられました。フルーティーな香りと甘みで人参特有の青臭さが少ないそうです。二〇一七年には、台湾へ『しあわせのカラフルにんじん』の輸出が開始されました。農業をカッコよくし、子どもたちが将来なりたい職業に選ばれるようになればいいと思い続けて突き進んでいます。二〇一七年四月には、全国約千校の高校で利用されている様々な職業を紹介する学校教材『スタディサプリ　未来辞典（非売品）』（リクルート社）に掲載されました。彼のコメントを見て農業に未来を感じる高校生が出てくれるかもしれません。

農業人生の原点だったリリおばあちゃんは、もういません。それでもリリおばあちゃんの名前が付いた人参が鈴盛農園で収穫され続ける限り、みんなリリおばあちゃんのことを忘れません。

「リリおばあちゃん、お孫さんはすごくカッコいい農家になりましたよ」

鈴盛農園内　直売所

■農業者概要

鈴盛農園
鈴木啓之（一九八三年生まれ）
　薫　（一九八五年生まれ）
愛知県碧南市
就農／二〇一二年
農地面積／二・一ヘクタール（約二万一千平方メートル）
主な栽培品目／人参（スウィートキャロットリリィ、しあわせのカラフルニンジン）、玉ねぎ（素敵な玉ねぎ）、馬鈴薯（贅沢ポテト）、里芋（百年里芋）他。人参の加工品
売上／二千万円前後
経費／一千四〇〇万円（トラクター、ハウスなど設備投資含）
スタッフ／四名（鈴木夫妻を除く、他、袋詰めなどのパート数人）

■鈴盛農園の野菜を購入できる場所

・鈴盛農園
＊毎週月曜日一三時～一五時　鈴盛農園倉庫にて「倉庫の中の小さなちいさな直売所　ハタケマルシェ」開催
・ネットショップ　http://www.suzumori-farm.jp/

スウィートキャロットリリィの販売は十一月〜四月

愛知県碧南市日進町三―六五
電話　〇五六六―九三―四〇九三

・ファーマーズマーケットでんまぁと安城西部
愛知県安城市福釜町釜ヶ渕一―一
電話　〇五六六―七二―七三三三

・ファーマーズマーケットでんまぁと安城北部
愛知県安城市東栄町四―五―一五
電話　〇五六六―九六―一〇五一

・おかざき農遊館
愛知県岡崎市東阿知和町乗越一二
電話　〇五六四―四六―四七〇〇

・ふれあいドーム岡崎
愛知県岡崎市下青野町天神七七
電話　〇五六四―四三―〇一二三

贅沢ポテト

●道の駅　藤川宿
愛知県岡崎市藤川町字東沖田四四
電話　〇五六四―六六―六〇三一

●旬彩市場　農の匠
愛知県岡崎市戸崎新町二一
電話　〇五六四―五九―二六二九

●幸田憩いの農園
愛知県額田郡幸田町大字大草字上六條二三―一
電話　〇五六四―六二―四三三九

●道の駅　にしお岡ノ山
愛知県西尾市小島町岡ノ山一〇五―五七
電話　〇五六三―五五―五八二一

※1　下限面積

●耕作目的で農地を売買・貸し借りする場合は、農地法第3条に基づく許可が必要。

●下限面積とは農地法第3条に基づく許可を得るための一つの要件。許可要件を欠くと農地の売買・貸し借りはできない。

●耕作目的で農地の売買・貸し借りをする場合には、当該農地の譲受人又は、借人が耕作することになる農地面積が、農地取得（売買・貸し借り）後に、原則50ａ（アール）以上でなければ農地法第3条の許可ができないという要件。

（現在、緩和され地域によって下限面積が異なる）

※2　ＩＴ食農先導士

豊橋技術科学大学において、我国で初めてＩＴ技術を農業に導入できる人材「ＩＴ食農先導士」を養成し、次世代の農業を営むことができるように育成している。

※3　餐庭塩

二〇一六年四月愛知県西尾市塩田体験館（愛称「吉良饗庭塩の里」）がオープン。昔ながらの塩田で太陽の熱と風の力を利用した塩づくりを体験できる。

※4　認定農業者制度

●農業経営基盤強化促進法に基づき、農業者が五年後の経営改善目標を記載した農業経営改善計画を作成し、市町村が作成する基本構想に照らして市町村が認定する制度。

第2章

後継者がいない希少な独活(うど)を未来へ繋ぐ

中井大介(なかいだいすけ)さん
優紀(ゆうき)さん

大阪府茨木市

希少な野菜、三島独活

大阪府茨木市は、人口約二八万人の大阪のベッドタウン。イメージは決して田舎ではありません。ところが、山間部に位置する千提寺(せんだいじ)は、三〇世帯ほどの小さな集落で、豊かな自然の中に家々が立

中井さん家族

ち、イギリスの片田舎のような雰囲気です。

キリシタン大名として有名な高槻城主・高山右近の領地だったこの集落。千提寺という地名の由来は、「千の十字架を寺で隠した」「セイントが訛った言葉がせんだい」など諸説あり、宣教師のフランシスコ＝ザビエルの肖像画（神戸市立博物館・重要文化財）が発見された場所でもあります。大正時代に民家の屋根裏にくくり付けられていた箱「開けずの櫃」から見つけられました。「開けずの櫃」というのは、他人だけでなく、家人も開くことをタブーとされていた箱です。

隠れキリシタンの村として、歴史的にも有名な場所である千提寺の集落は、御多分にもれず高齢化が進み、農業をリタイアする人が増えていました。しかも市街化調整区域のため、原則として開発行為や建築行為はできません。農業が廃れたら地域も廃れてしまうのは目に見えています。

この小さな集落にある、たった一軒の農家によって栽培されているのが三島独活です。地元の人は、お歳暮の代わりに独活の収穫時期である二月、三月に三島独活を贈っているそうです。地元の人だけでなく、一部の熱烈なファンにも愛されてきましたが、たった一人で育てているのですから広まりようもなく、知る人ぞ知る幻の味でした。関西で独活といえば兵庫県の三田独活が知られていますが、三田の独活はここ三島から持ち込まれ、独自に発展したものです。独活を食べたことがなくても、「独活の大木」という諺はたいていの方がご存知のはず。

江戸時代から栽培されている三島独活は、もうすぐ八〇歳になろうとしていた後藤一雄さんがたった一人で栽培していました。後藤さんには後継者がおらず、体力的にも限界を感じており、栽培をやめようとしていました。後継者がいないと簡単に書きましたが、半端ないほどの技と体力がいる栽培方法です。春に畑に株を植え、肥料を与え、手をかけて育てた独活を晩秋の頃に株ごと掘り起こし、藁で作った独活小屋の中に移して、自然の発酵熱を利用して新芽を成長させるという、なんとも手間のかかる作物なのです。収穫できるのは二月下旬から三月末までの一ヵ月だけ。この一ヵ月のために一年がかりで育てなければなりません。江戸時代さながらの栽培方法を継ぐなんて無茶な話です。また一つ伝統が消えようとしていました。

そこに、一組の若い夫婦が立ち上がったのです。

三島独活に人生を賭ける

一〇月も半ばを過ぎた頃、

「ご注文の新米ができました。取りに来られますか。それとも送りましょうか」

ある農家さんからメールが届きました。お米は昔ながらの方法で天日干しされたものですが、彼らは米農家ではありません。実は三島独活を育てるために必要な藁を確保するためにお米を育てているのです。そう、彼らこそが、後藤さんの後継者として名乗りを上げた中井大介、優紀さん夫婦です。

暗闇の中で育つ独活

　中井さん夫婦が農家になったきっかけは、私が出会った他の人たちとはちょっと違っていました。三島独活に出会ってしまったから農家になったのです。そして、三島独活に一生をかける決心をしました。中井さん夫婦が決心しなければ三島独活は、消滅する運命だったのです。

　千提寺で生まれ育った大介さんは、優紀さんと幼馴染みでしたが、優紀さんは大学卒業後東京で働き、それぞれ別々の道に進んでいました。優紀さんが、大阪の会社に転職したときに二人は再会して結婚し、二〇一三年の三月から大介さんの祖父母と実家で暮らすことになったのです。

「古民家に住めるなんて嬉しいなあ」

そんな軽い気持ちでの同居だったと優紀さん。

幼馴染といっても優紀さんが育ったのは茨木市のニュータウン。近くでありながら景色も風土もまったく異なっていました。千提寺は、豊かな自然と伝統が残る、古き良き日本が詰まったような場所です。地域の繋がりも強く、近所の人が亡くなれば親族だけでなく、近所の人が総出で二日から三日の休みを取って手伝う風習が今も続いているというから驚きです。ここで二人が出会ったのが三島独活でした。それは、運命の出会いとしかいいようがありませんでした。

千提寺に住み始めた当初は、三島独活という珍しい食べ物があるんだというくらいの認識だったのが、何度か食べるうちに、もっと食べたいという思いにかられてきました。

転入早々、地域の有志で結成された「千提寺まちづくり委員会」に夫婦で顔を出したことが、運命を大きく動かすことになりました。少子高齢化する千提寺の地域づくりのために集まった一〇数名の会で、メンバーのほとんどが六〇代から七〇代。当然、二人は最年少です。当時、自治会全体で新名神高速道路の反対運動をしており、「千提寺まちづくり委員会」のメンバーも参加していました。しかし、運動の甲斐なく、新名神高速道路ができることに決まります。一時は意気消沈していましたが、ただ嘆いているだけでは何も始まらない、前を向いていかなければならないと思っていた矢先に若い夫婦が出現したのです。

この先何かに繋がるかもと、優紀さんは地域の役に立ちそうなイベントを提案し、実行していきます。

「生意気なよそもんだったんですけどね」

と優紀さん。

活動するうちに、二人は地域が大好きになりました。「まちづくり委員会」のメンバーは親代わりのようになり、また三〇代前半の夫婦は、地域の人たちにとっても欠かせない存在になっていきました。

ここで出会ったのが三島独活でした。地域で自慢できることは何？　とメンバーに聞いたところ、みんなが口を揃えて言ったのが三島独活でした。このとき、初めて最後の栽培農家である後藤さんのことを知りました。

前述したように、後藤さんは三島独活作りが自分で最後になるだろうと考えていました。なんとかしたい気持ちは山々でしたが、なかなか後継者が見つかりません。今までにも何人か弟子入り志願者がおり、その度に後藤さんは指導をしてきましたが、誰一人続きませんでした。独活の株を分けて欲しいという人が現れ、分けてあげたこともありましたが、栽培は成功しませんでした。工場で温度管理をして栽培しようとしたらしいのですが、そう簡単には上手くいきません。それはそれはデリケートで難しいものだったのです。長年の経験と高度な技術が必要でした。しかも温度管理の微妙さは後藤さんの勘です。もちろんデータなどなく、一緒に栽培しながらでなければ、伝わるわけがありません。地域で三島独活を受け継ごうという話も出ましたが、他の仕事をしながら片手間に栽培できるほど安易なものではありません。それだけ手間暇がかかり、体力もいります。

その昔、この辺りは、一年に一度独活を収穫すれば家が建つと言われるほど生産が盛んで、独活を栽培する「独活小屋」が建ち並ぶ風景は茨木の冬の風物詩でした。ところが、今では後藤さんただ一人。しかも、年金があるからこそなんとか独活栽培を続けることができている状態。はっきり言って儲からないのです。伝統農法で栽培された三島独活は高級食材として扱われ、一キロ五千円から六千円で取引されていますが、後藤さんは市場価格の半額程度で直売していました。

最初に三島独活を食べたときはおいしいなとは思っていましたが、まさか自分が栽培するとは夢にも考えていません。当たり前のように来年も再来年も食べられると思っていたからです。しかし、二度と食べられなくなるかもしれないという危機感が、優紀さんの心を変えていきました。

「このまま三島独活が食べられなくなることだけは、どうしても避けたい」

と思うようになっていました。周りを見渡しても三島独活に興味を持つ若者はどこにもいません。手間がかかるだけでなく、栽培技術も高度。一年がかりで育てた割には儲からない。誰も継ぐわけがありません。

「私たちでやるしかないよね」

とはいえ、勝算はあるのか、どうやって生活を維持していくのか、その方法がまるで見当たりません。親代わりの地域の重鎮たちは口を揃えて、

「食えないし、大変だ。技術もいる。やめとけ」

と忠告してくれました。

しかし、ここで決断しなければ三島独活を守れない。守りたいのなら人生をかけるしかない。そう考えた二人は、後藤さんに弟子入りを決意したのです。二〇一四年夏のことでした。

伝統農法で三島独活を作る

二人が選んだのは、最新技術を取り入れた育てやすい方法ではなく、代々続く伝統農法を継承していく道でした。江戸時代から伝わる昔ながらの発酵熱を使う農法です。

「自分たちだけじゃ活きられへんから、地域と、三島独活と活きていく」

二人が常に言っている言葉です。自分たちの力だけでは、三島独活も地域も活きないという意味を込め、「生きる」ではなく「活きる」という漢字を使っています。

二〇一四年の夏から少しずつ後藤さんの下で勉強を始め、栽培を本格化したのは翌年の

二〇一五年。このとき、優紀さんのお腹には待望の赤ちゃんが宿っていました。サラリーマンだった大介さんは、子どもが生まれる前に本格的に始めねばと、妊娠を知って慌てて辞表を出しました。普通、子どもができたらより安定を目指すものですが、その真逆の選択をとったのです。

二〇一四年の十二月に大介さんは退職し、三六五日、独活と向き合う生活を始めました。三島独活一本に絞った専業農家としてやっていくと決めたとはいえ、収穫できるまでには一年の歳月が必要です。その間の収入はゼロ。二〇一六年の春の収穫までは収入がありません。

二人は、本気で取り組んだらお金はなんとかなるという確信を持っていました。普通に考えたら無謀です、無鉄砲です。でも、三島独活は、今後藤さんから技術を学ばないと、あとはありません。後藤さんがやめてしまったら、この機会を逃してしまったら、悔やんでも悔やみきれません。タイムリミットが迫っていました。

独活小屋。この中に独活が植えられています

三島独活の虜になっていた二人は、自分たちが後継者なのだと決意していました。

農業とは無縁の仕事をしていた大介さんですが、実は元来の生物好きで大学は農学部。後藤さんからは、「素質があるし、覚えがいい」と太鼓判をもらっています。でも、一体、どうやって生計を立てていったのか。

収入が見込めない分は、

「地域と農業に関連する仕事を取ってくる」

と力強い優紀さん。

地域活性化に繋がり、ひいては、三島独活のためにもなる仕事以外はするつもりはありませんでした。友人知人を頼ると、すぐに大学時代からの友人が仕事を紹介してくれました。しかも願っていた地域活性化に関わる仕事。妊娠五ヵ月の安定期に入るのを待って優紀さんは働き始めます。地方で作られている商品の価値を高め、売上げを上げるための仕事でした。地域名産のマーケティングやリサーチの仕事です。そのおかげで、貯金を切り崩すこともなく、大介さんは三島独活の栽培に集中する準備ができました。その間にも、お腹はどんどん大きくなっていきました。

二〇一五年五月には、待望の赤ちゃんが誕生しました。元気な男の子です。

「本気でやればお金はどうにかなる。でも三島独活は一度途絶えたらもう戻らない」

と会社を辞めて、親も親戚も周りも困惑させた二人でしたが、そこには二人三脚でしか成し得ない驚くようなパワーと戦略、そして何より、強い覚悟がありました。

春の香りのする梨

独活は、大きく山独活と軟白独活に分けられますが、三島独活は軟白独活の一種です。ただし、品種と栽培方法が他の軟白独活と異なるため、味わいにも違いがあります。

三島独活の栽培は一年がかりです。三月に収穫を終えるとすぐに、次の株を畑に植える作業が始まります。畑で株を育てながら、一方では「むろ」の準備にかかります。むろというのは通称「独活小屋」と呼ばれるもので、新米の収穫が終わった十一月頃、新しい藁で作ります。この藁を確保するために、中井夫婦は米の栽培をしているのです。

独活小屋に使うのは、いい藁でないといけません。いい藁というのは、昔ながらの稲木干しでできた藁です。稲木干しは手間がかかりますが、天日でじっくり乾燥するため、お米の旨みが増すと同時に、良質な藁ができます。大切な独活を育てる、むろになる藁ですから、その質は重要なのです。

かつては日本の各地で見かけた秋の風物詩でしたが、今はほとんどの米農家が、稲刈りと脱穀をコンバインで一気に行っているため、稲木干しが必要なくなりました。そのため、自分たちでお米を育てるしかいい藁が確保できないのです。

一〇月頃に咲いた独活の花が枯れてくる十一月に独活小屋を建てる作業が始まります。帆布の屋根と藁の壁で温かい暗室を作ります。

十二月には畑で育った独活の株を掘り起し、独活小屋に植え替え、その上に幾層にも干し草と藁を重ねます。この干し草集めも藁に負けず劣らず大変で、独活小屋一つにつきトラック八〇台分が必要です。地域の農家さんに頼んで田んぼの畦（あぜ）に生えている在来種の草を刈らずに伸ばしてもらい、確保しているのですが、この刈り取りもかなりの重労働です。年が明けると、冬眠していた独活に目を覚ましてもらうため、小屋の中で疑似春を作ります。ミルフィーユのように幾層にも重ねた干し草と藁に水をかけて自然発酵させ、その発酵熱で土を温めながら、約五〇日間かけて外気の温度に合わせながら温度調整を行います。藁に隙間を開けて大量の藁を

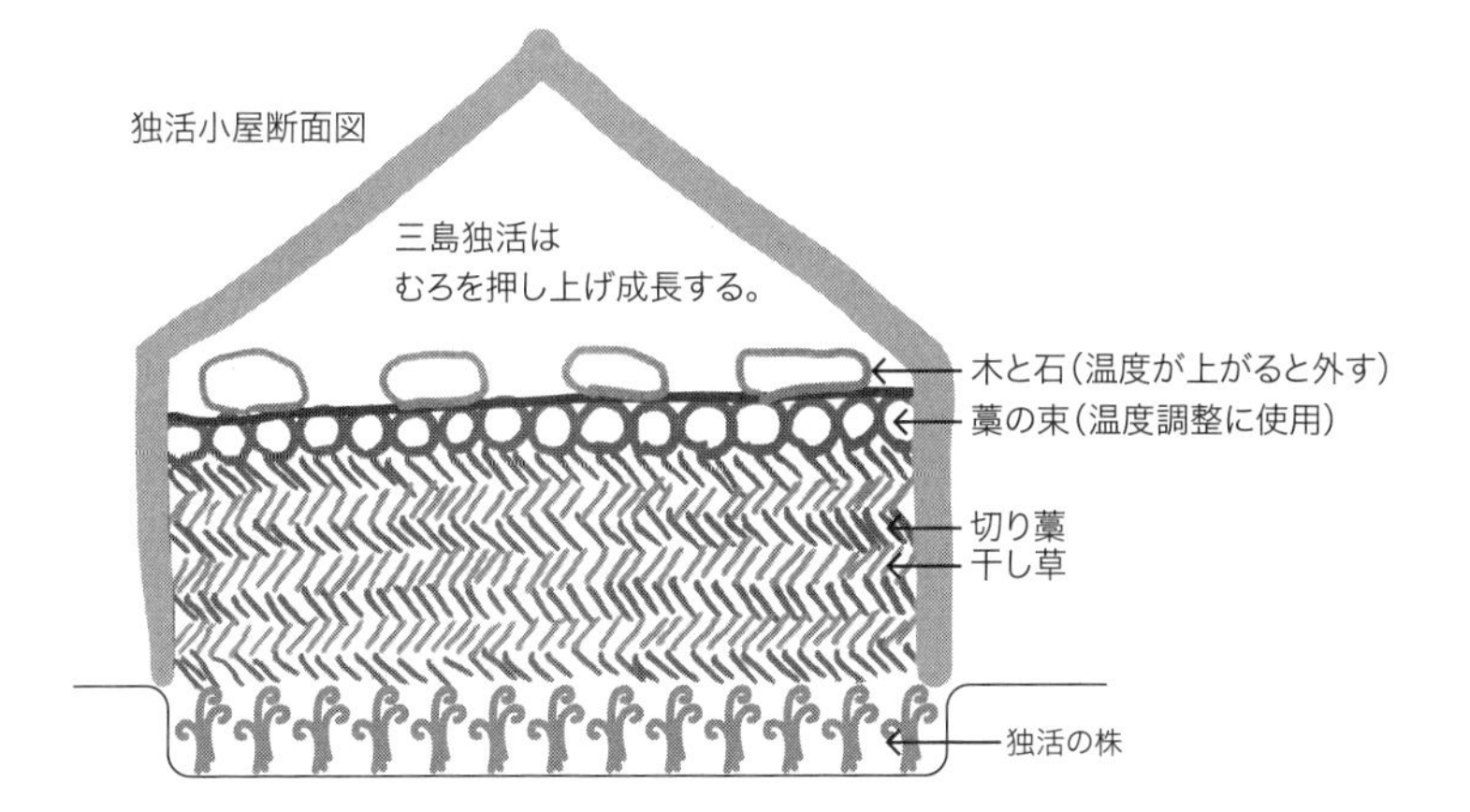

追加するのですが、一番上に積んでいる藁の束の隙間を開けたり、つめたりしながら温度調整をします。外気温や独活の場所によって対応は変わってくるため、すべては後藤さんの勘頼りです。温度が高いと腐り、数度低いだけでも独活は出てきません。作業は狭い独活小屋の中で行われるため、成長している独活を踏まないよう慎重に行わなければなりません。

発酵熱によって、むろの下は温まり、やがて独活の根株が新芽を出し、それが伸びて、干し草と藁を自力で押し上げます。独活が六五センチメートル以上になった頃が収穫のタイミングです。

収穫は二月下旬から三月末までの一ヵ月。一年間準備をして、収穫の時期はほんの一瞬です。できる限り光が当たらないように収穫された三島独活は直径三、四センチメートル、長さ六五センチメートルと大ぶりですが、その歯触りはやわらかく、色白でよい香りです。アクも少なく、甘くて瑞々しいので生で食べるのが好まれ、その味は「春の香りがする梨」とも例えられています。

後藤さんは、二〇一七年の収穫を最後に完全にリタイアします。大介さんは何が何でも、短期間で師匠の勘と技を自分のものにしなければなりません。

二〇一六年春、初出荷をした三島独活は完売しました。

後藤さんは主に個人のお客さんに直接販売をしていましたが、バイヤーを通じて市場に卸す価格と同じでした。それも一〇年前に決めた価格のまま値上げしていません。かかった手間を考えれば、まったく割に合わない価格でした。

「後藤さんは、価格に売価と卸値があること自体、ご存知なかったんです」

と優紀さん。

流通価格は、師匠が販売している価格の約三倍から四倍です。

中井夫婦は、最初から市場を通さず、飲食店や個人に直接販売をしようと計画していました。三島独活を入れる段ボール箱もオリジナルの工夫を加えたもの。梱包を開いたとたん、目に飛び込んでくるのが大きく描かれた三島独活のイラスト。箱の中には、伝えたいことを書いたパンフレットを入れました。江戸時代からの伝統農法で育てていること、みんなに支えてもらっていることが書かれています。その一部をご紹介しましょう。

「伝統農法を継承する人、同じ土地に生きる人、そして三島独活を食べてくださるお客様、さまざまな人の支えなしでは、独活も、私たちも活きていけません。たくさんの人に頼りながら育った三島独活をどうぞお召し上がりください」

新たな販路を開拓

後藤さんが販売していた三島独活は、儲からない、手間がかかりすぎる、調理法がわからない、付加価値が付かない、無名である、とマイナスだらけでした。

大介さんが懸命に三島独活の栽培に取り組んでいる間に、

「今までマイナス面しかなかったから、かえって売りやすい」

と、優紀さんは栽培を手伝いながら営業活動を始めます。京都の名だたる日本料理店へ直接出向いたのです。飛び込み営業で、しかも子連れです。四軒の日本料理店に売り込んだうち、二軒が取引をしてくれることになりました。なんたって元々外資系企業で、コンサルタントや企画の仕事をするバリバリのキャリアウーマンでしたから本領発揮。そうなんです、優紀さんはそんな経歴を持っていたのです。

契約をしてくれたのは、京都の老舗といえば必ず名前が出る有名な店です。

「今まで食べに行かれたことがあったんですか？」

「ないです。一人一万円出しても食べられないお店やから、食べに行ったことはありません」

「独活の大きさが揃っているかいないかなんて、どうでもいいです」

そう言って取引を決めてくれたそうです。採用された一番の理由は味です。江戸時代の栽培方法をそのまま継承しているのですから、味が他の独活とは違いました。そして、作る工程の丁寧さや素材の確かさを訴えたからこそ、価値を理解し、取引を決めてくれたのです。

野菜を売るのではなく、古き良き伝統を守って育てているという考え方も含めての営業です。この物語も一緒に食べてもらいたかったのです。なんせ、値段は他の独活の三倍から四倍です。

さらに、東京の伊勢丹新宿店にも採用されました。ここでもサイズは不揃いでいいと言われたそうです。伊勢丹新宿店と契約できたのは、農業女子プロジェクトのメンバーに入っていた優紀さんが、農業女子会に参加したことがきっかけです。農業女子のメンバーが、首相官邸に招かれ、夢を語るという場でした。ここにプロジェクトに参画している三越伊勢丹ホールディングスの関係者が来ることはわかっていました。優紀さんは、伊勢丹と取引するなら、百貨店の中で売上げ日本一と言われている新宿店だと決めていました。年に一度の三島独活の収穫時期、時期もラッキーでした。伊勢丹新宿店の担当者に「おみやげ」として三島独活を持参し、直接、交渉したのです。

「一点狙いをしました」

と、優紀さん。伊勢丹新宿店には伝統野菜コーナーがあり、旬の時期だけ味わえる希少な野菜が販売されており、こうした伝統野菜には理解もありました。

三島独活は千提寺から一気に、大阪、京都、東京へと駒を進めました。販売先を広げるかたわら、優紀さんは、妊娠中から続けていた仕事を継続し、生計を支えています。

茨木市のまちづくり委員会にも参加し、イベントを積極的に企画しました。二〇一五年に始めた茨木市地域活性化プロジェクト「茨木ほくちの会」は助成金をもらえることになりました。高齢化、過疎化が進み、若者の流出が深刻な現状を打破するために、地域のために行動する会です。ほくちとは、茨木北部地域の略であり、火おこしのときに火種を大きくする着火剤の役割を担う火口（ほくち）、両方の意味が込められています。いろんな人を巻き込み、知恵と手を借りながらやっています。

「この先、何かに繋がるだろう」

千提寺には里山の古き良きものが多く残っています。昔から普通に農家の人たちがやっていた体験を商品化することも始めました。例えば、アケビのカゴ作り。山に行けばアケビのツルはいくらでもあります。おばあちゃんが布わらじを手作りしていることも、隠れキリシタンの里であることも、都会の人から見れば価値のあることです。

イベントに参加した地元の若者は、

「一緒に汗を流さないと土地のことがわからなかった」

そう言ってくれました。

しかし、高い値段で独活を売って儲けている、というやっかみや嫉妬の声も聞こえてきました。人と違うことをすると必ず登場してくる「やっかみ・嫉妬軍団」。どんなところでもあるものですが、業界全体から見ると決してプラスにはなりません。

中井夫婦は、経営を成り立たせるために最大限の努力をしてきました。三島独活のような生産量も少なく安定しないものは、収穫量が見込めないがゆえに単価が高くなってしまいます。流通にのせて売れば農家に入ってくる収入は格段に下がります。自分たちで栽培し、販売しているからこそ利益が出ます。五年後には、なんとか三島独活だけで生活できるように計画中です。そして、その計画は着々と進行中です。

五年計画で株を増やす

二〇一四年に後藤さんに弟子入りし、二〇一五年に本格的に育て始め、二〇一六年春に初出荷した三島独活は完売しました。二〇一七年もすぐに完売し、買いたくても買えなかった人も出ました。

二〇一七年は、後藤さんから直接購入していたお客さんにも販売しました。それまでの二倍の価格で購入してもらえるかどうか不安で怖かったそうです。ところが、お客さんは今まで三島独活を育てるのがどれほど大変か知らなかったのです。三島独活のストーリーが書かれたパンフレットを見て、

「こんなに大変な作業をして育てているなんて、知らなかった」

と驚き、価格に納得し、立派な箱に入って送られてきた三島独活を喜んでくれました。購入後、「これなら地元の自慢になるから人に贈りたい」と再注文する人が増え、もらった人がまた再注文をする、ちょっとした数珠繋ぎ状態になりました。売り切れたら困るので、

私も慌てて注文しました。届いた三島独活をどうやって食べようかと優紀さんにメールで聞くと、

「天ぷらもいいですよ。しゃぶしゃぶもお勧めです。薄くスライスした独活をさっとくぐらせて、肉で巻いてポン酢です」

と返事が返ってきたので、生の独活には酢味噌で、菜の花と独活の炊き込みご飯など、いろいろ試し、我が家に一度に春がやってきたようでした。

三島独活を買ってくれる人の目途は立ってきましたが、収入を増やすためにはもっと収穫量を増やさなければなりません。そのためにはすべての独活を出荷せず、半分は株を増やすために置いておく必要があります。現在は、独活小屋一棟の半分しか収穫できていません。後藤さんはやめるつもりで株を増やしていませんでした。中井さん夫婦は、自分たちのためだけでなく、価値ある財産として三島独活を広めていくのが使命だと考えています。今後、五年の歳月をかけて独活を増やすつもりです。順調にいけば、二倍、三倍と増えていくはずですが、即現金化はできません。しかし今が我慢のしどころ。五年後には三島独活とお米の栽培面積を約一ヘクタール（約一万平方メートル）にする計画を立て、収穫できる独活小屋が二棟になる予定です。加えて、農業だけでやっていけるように、新たな計画も立てました。二〇二〇年、東京オリンピックの年までには、三島独活、米、さらに新しい農作物を育て、売上げ目標は、一千万円。

新しい農作物として、消えゆく野菜を生産しブランド化していこうと考えています。

「水耕栽培ではなく、土耕栽培の三つ葉が欲しい」

「甘草を作ってもらえないか」

三島独活を買ってもらっている料理店からの要望も後押しとなりました。それらは、販売が難しい、大量生産に向かない、手間がかかる、季節が限定されるという理由から消えていった古くから日本で育っていた野菜たちです。

三島独活の価格は、細いものや曲がったものは、今までと同じ値段で販売し、高級日本料理店が好む太い形の整ったものは、一キログラム八千円から一万円の価格帯で流通させる予定です。生で調理したいので、食感がよい太めのものを購入したいという要望があるそうです。価格にも納得してくれています。中井夫婦が目指しているのは価値観の共有です。

二〇一七年の収穫が終わった三月末のことです。

「二〇一七年度三島独活株主の募集」

こんなフレーズがフェイスブックで発信されていました。

五千円／一株　＊一株から保有可能。＊二〇一八年三月の収穫時期まで

特権

①一株で収穫できた三島独活のお渡し

②生産者ならではの喜び（農作業等への参加）
③株主会議という名の交流会実施、株主通信発行

株は株でも、三島独活の株のことだったんです。株主になって、一緒に生産に関わり、農作業のおもしろさを体験し、里山で筍を掘ったり、自然の中でご飯を食べたりしましょうという内容でした。株主会議は交流会のこと。気候や環境で収穫量は変化しますが、その一喜一憂も一緒に体験してもらいたいというものです。価値観の共有できる人を広げていくことで販路を広げ、価値をわかってもらえる農業へ、また新たな駒を進めようとしていました。

三島独活栽培は一・五人。優紀さんは、農業に〇・五人分と、地域と農業に関する仕事に〇・五人分の力を振り分けて動いています。

優紀さんと話をしていると、大介さんが農作業から戻ってきました。息子さんのご飯の用意をする時間です。さらりとキッチンに立ったのは大介さんでした。やれることをやれる人がやるというのがどうやらこの夫婦のやり方のようです。

二〇一六年、初出荷した天日干しのお米は、収穫前に完売しました。それもフェイスブックでお米の予約を受け付けた途端でした。お米の栽培の師匠は、近所で米農家をしている大介さんのおじさんです。耕作放棄地を借りてお米を育てた場所は、機械が入らない土地

だったため、手で刈り取るしかなく、親戚や地域のお年寄りが総出で手伝ってくれました。天日干しのやり方は、後藤さんと大介さんの祖父母に教えてもらいました。二人は、農家ではありませんが、お米や野菜は買うものではなく作るものという土地柄で、この地域に住む人たちはみんな、小さな畑で自分たちが食べるものを栽培しているのです。三アール弱（約三〇〇平方メートル）のお米の収益は三〇万円ほど。無農薬、天日干しのお米は、甘くて旨みがあっておいしいものでした。

お米の収穫を終えた十一月のある日、優紀さんの車で千提寺周辺を案内してもらいました。ちょうど「ほくちの会」のおじさんたちが、炭とお米のモミで焼き芋をしている最中でした。優紀さんと皆さんは本当の親戚のように打ち解けていて、出来立ての焼き芋を一緒にいただきながら、ゆっくりと流れる時間を堪能しました。

たくさんの人に助けられながら育った三島独活、今はまだ数は少ないですが、ぜひ食べて欲しい味です。後藤さんは、リタイアした今も監督として二人に指導を続けてくれています。優紀さんのブログ「隠れキリシタンの村に嫁いだら」には、こう書かれていました。

「私は、消費する側ではなく、創造する側になりたくて三島独活農家になりました。そして、カッコいい生き方ができる茨木市北部地域を残したくて地域の活性化に取り組んでいます」

応援していきたいと思います。

■農業者概要

千提寺farm.
中井大介（一九八三年生まれ）
　優紀（一九八三年生まれ）
大阪府茨木市千提寺
就農／二〇一四年夏
農地面積／二アール（約二〇〇平方メートル）
三島独活　三アール（約三〇〇平方メートル）
主な栽培品目／三島独活、米
スタッフ／一・五人（＊優紀さん〇・五人分）
初年度売上／弟子として修業中のため〇円
先行投資／軽トラック（中古）　七〇万円、独活小屋の屋根（テント）　三〇万円、田植え機、トラクター、コンバインなどの機械レンタル、肥料代　一〇万円（借地代は無料）
二〇一六年売上／一五〇万円（三島独活一二〇万円、米三〇万円）
主な支出／
　田植え機、トラクターなどの機械レンタル料　一〇万円
　肥料、梱包材、パンフレット、諸経費　四〇万円

独活小屋の二人

■三島独活を購入できる場所

・千提寺farm.
大阪府茨木市大字千提寺三八〇
直販サイト（季節限定販売）　http://sendaijiifarm.theshop.jp/

・伊勢丹新宿店（季節限定販売）
東京都新宿区新宿三―一四―一
電話　（代）〇三―三三五二―一一一一

第3章

草刈り大好きから一五年、計画と実行で成長する農業女子

北野阿貴（きたのあき）さん
大阪府羽曳野市

農家ルールを知らずに飛び込んだ農業生活

二〇一五年春、北野阿貴さんは起農しました。一〇アール（約一千平方メートル）の農地を借りてのスタートです。初年度の売上げは約八〇万円。直売所、レストラン、個人への露地もの野菜の販売収入です。

土地は無料で借りているので助かっていますが、経費を見てみると、一八馬力のトラクターが一八〇万円。畑を耕すために必要な畦（うね）立て成形機五〇万円。どちらも新品です。農

機具の保管小屋一五万円。さらにパイプのビニールハウスを一棟六五万円（材料費四〇万円＋設営費二五万円）で建てました。経費合計三一〇万円。まるっきりの赤字です。

二〇一六年、就農二年目の売上げは、約一五〇万円、青年就農給付金[※5]一五〇万円を加えて、約三〇〇万円です。主な支出は、ビニールハウス一棟分の材料費が四〇万円、井戸のポンプ代三〇万円、主な経費だけで約七〇万円。厳しい状況です。

就農三年目を迎えた二〇一七年は四〇アール（約四千平方メートル）の畑を確保し、ハウスをあと三棟増やし、葉物野菜用の冷蔵庫を借り、売上げ目標は二五〇万円。ようやく収益をプラスマイナスゼロにする予定です。まったく儲かっていませんが、北野さんの表情はとびっきり明るいのです。「食べるもの＝明日を生きるエネルギーのみなもと、誰かの明日の生きるエネルギーを作りたい」と農業に取り組んでいます。

「あっ、マサルさんやわ」

にこにこ笑顔でやってきたマサル

北野阿貴さん

さんは「碓井豌豆保存部会」の部会長・枩倉勝さん。気軽に下の名前で呼んでいるくらい仲良しですが、碓井地区の長老です。

北野さんの倉庫は居心地がいいようで、どっかり腰を据えて話が始まりました。

「わしは後継ぎがいないから、そのうち農地を売るしかない……」

と言うマサルさんに、北野さんは、

「養女にしてよ、介護もするし畑もいっぱい耕しますよ」

とすばらしい提案をしました。なのにマサルさんは返事をせず、別の話を始めてしまいました。

「いい話だからのっかればいいのにマサルさん」

と、いらんことは言いませんでしたが、口がもごもごしてしまいました。養女の話にはのっからなかったものの、まるで小さい頃から知っている子と近所のおじいちゃんのよう。

「この娘はようやるで。こないだは夜も畑に出とった」

と感心することしきりのマサルさん。

聞けば、夜にしか活動しない夜盗虫が葉っぱを食い荒らし、卵を産み付けるので、せっせとつまんでいたのを見かけたそうです。

そこから長い長いマサルさんの昔話が始まり、相槌を打つ北野さんと私。一向に立ち去る気配はなさそうです。そこへ通りがかった近所のご婦人が空気を察知。

「マサルさん、そろそろ帰らな、お昼やで」

こんなご近所さんに囲まれて、北野さんの農家生活は続いています。すっかりこの地に馴染み、受け入れられているようです。

でも、はじめからそうだったわけではありません。農地を借りたものの、農家の娘ではないため農家ルールを知らなかったのです。農家ルールとは、農家としてやっていくための暗黙の取り決めのようなもの。土地によって違いはありますが、例えば溝の泥を掃除するにあたり、日にちを決めてみんなで一斉に掃除をする地域もあれば、田んぼの面積に応じて費用を負担して業者に任せる地域もあります。

就農したばかりの北野さんは、ある天気のいい日に、用水路から自分の田んぼに水を入れました。ところが、これはまったくのルール違反だったのです。

碓井地区では、水は上流の田んぼから使用すること、他人が使っているときは使用してはいけないというルールがありました。限られた水量ですから当然のことです。

ルールを知らずに、いきなり二つのタブーを犯してしまった北野さん。せっかく入れた田んぼの水を抜かれてしまいます。もちろん大慌てです。水無くして農業はできません。

「なんで教えてくれへんの」

戸惑いました。聞かないから教えてくれない。考えたら当然のことです。どこの誰かわからない新参者に、聞かれもしないことを教えてくれるはずがありません。

用水路は、まんべんなく田んぼに水が入るように先人たちが整備してきたものです。水はみんなで大事に使わなければなりません。農家にとって、それがどれだけ大切なものかまるっきりわかっていませんでした。

近隣の中には新規就農者を受け入れたくない人もいたでしょう。嫌がらせに田んぼに大量のごみを捨てられたこともありました。

「今ならその気持ちがわかります。新しく農家になった人を受け入れたくないと思っている人ほど、農地を大事にしていると思う。私の無知が原因だから、ちゃんと話せば、みんな本当に良くしてくれる。いいおじいちゃんたちです」

北野さんが毎日畑に出ている姿を見ているうちに、見知らぬよそ者から知っている子に変わり、助言をしてもらえるようになりました。

乗り越えても乗り越えても新しい問題が出てきます。その度に、先輩の農家さんが親切に教えてくれて、なんとか前に進んでいます。地元の人に可愛がられてこそ、続けられるのが農業です。いらなくなった農機具があれば、ありがたくもらえるのも仲良くしてこその特権です。こういう情報は、毎日畑に出ていると誰かしら教えてくれます。頼まなくても近所の農家のおじいさんたちが世話を焼いてくれます。人は言葉ではなく、行動を見ているものなんですね。

愛しの碓井えんどう

碓井えんどうは明治時代にアメリカから入ってきた実を食べるえんどう。羽曳野の碓井地区で栽培されていて、名前の由来もこの地名からです。大阪府認定の「なにわの伝統野菜[※6]」に認定されているのですが、あまり市場には出回っていません。兼業農家が自分たちの食べる分だけ、家庭菜園程度に栽培していることが多く、本格的に栽培している人は年々減少しているのです。今、羽曳野市全域で栽培している人は三〇人足らず。しかも七〇代以上の農家ばかり。当然、年齢的にリタイアする農家も多いのです。

「今年の冬は、農家のおじいちゃんたちが

碓井えんどう

次々に風邪をひくから心配やったわ」

と北野さん。碓井えんどう発祥の地で農地を借りることになった縁もあり、自分が栽培して広めたいと思っています。まさに「碓井えんどうの女神」の出現です。

碓井えんどうならどこにでも売っている、と思われる人がいるかもしれません。あの『秘密のケンミンＳＨＯＷ』（日本テレビ系列）でも、大阪人が愛する豆ご飯として取り上げられていたくらい関西では定番です。が、出回っているのは、和歌山産「紀州うすい」（地域団体商標）がほとんどで、これは「碓井えんどう」を原種とする改良種なのです。

碓井えんどうは、品種改良をせず、代々受け継がれてきた種を守ってきた、この土地独自のものです。北野さんが、小規模農家として何で勝負をするかと考えた時、土地に根付いたものを作ろうと選んだのが碓井えんどうでした。実は、子どもの頃からの大好物でもあったのです。羽曳野市の隣の藤井寺市で育った北野さんは、五月になれば豆ご飯を食べて季節を感じていました。こんなにおいしいものを、なんでもっと作らないんだろうと思っていたくらいの筋金入りの豆好きです。

関東では「碓井えんどう」と「グリーンピース」が同じだと思う人も多いでしょう。缶詰か冷凍のベジタブルミックスに入っている豆の味しか知らずに、「おいしくない」と言ってのける人がいますが、とんでもない。ぜひ一度、旬の碓井えんどうを食べてもらいたいものです。まずはその甘さに驚きます。豆ご飯はもちろんですが、湯がいただけでもおい

しいです。収穫したての碓井えんどうをグリーンピース嫌いの人に食べさせてあげたいなあ。このことを北野さんに話すと、

「えっ、豆ご飯にしなかったんですか？　湯がいただけですか。やったことないです」

と、豪快すぎるレシピに目からウロコだと言ってくれました。単なる手抜きですが、碓井えんどう本来の味が楽しめます。

北野さんは有機農法で碓井えんどうを育てています。彼女の碓井えんどうが甘くておいしい理由は、一に種、二に種。一〇〇年もの間、品種改良されることなく種取りを続けて伝わってきた種にあります。品種改良がされていない分、決して育てやすいものではなく、病気に弱いのです。でも、とびっきり甘くておいしいのです。

そして、土壌。元々河川が氾濫して溜まった砂地なので水はけが良く、碓井えんどうの栽培に適していました。

さらにおいしい理由は、出荷の仕方にもあります。普通の農家は農協を通じて出荷するため、碓井えんどうの価格は重さで決まります。なので、できるだけ畑で豆を大きく育ててから出荷するのが一般的です。重量が増す分、卸価格は上がりますが、甘味は落ちてしまいます。北野さんは重さが増すのを待たずに、甘さ優先、おいしさ優先で収穫して出荷しているのです。

販路開拓

北野さんは、どうやって販路を開拓していったのでしょうか。自ら積極的に営業をしてきたわけではありません。

碓井えんどうを初めて収穫した二〇一六年、他の農家の生育は悪かったのですが、北野さんの畑では、ビギナーズラックともいうべき生育ぶりでした。

収穫の頃、畑の周りを行ったり来たりしている男性がいました。気になって声をかけてみると、青果店の関係者で碓井えんどうを探していた人でした。碓井えんどうの出来が悪くて品薄状態だったため、ベテランの碓井えんどう農家から、

「うちはたくさんできなかったから、北野のあきちゃんのとこに行き」

と教えられたそうです。

レストランから注文があったときも同じでした。近くの農家さんが、契約するレストランが求める量に足りなかったため、

「碓井えんどうなら北野のあきちゃんが作っている」

と繋いでくれました。

「私、碓井えんどうを作っています」

と会う人ごとに言い続けている北野さん。出会った人から出会った人へと繋がっていきました。

大阪府の富田林市と羽曳野市に店を構える和菓子屋「あん庵」は、北野さんの碓井えんどうで、『うすいえんどう大福』を作りました。その間を繋いだのは、市の広報課の職員さん。かつて広報誌に、新規就農者として北野さんを取り上げていました。「あん庵」のご主人・松田明さんが「碓井えんどうで大福を作りたい」と広報課に相談したことがきっかけで、この和菓子が生まれました。

和菓子屋さんのブログには、彼女の農作業をする姿と共に、

「羽曳野市の農家さん・北野阿貴さんが丹精込めて作ったえんどう豆を使用。碓井えんどうをこよなく愛する北野さんのえんどう豆は絶品です」

と書かれていました。

大阪府堺市の「手作り工房　堺あるへい堂」の『なにわの伝統野菜飴』の材料としても使われ、碓井えんどうがおいしい飴になりました。大きさも本物と同じくらいの、小っちゃくてかわいい飴ちゃんです。ここは、私と一緒に北野さんのところへ行った野菜ソムリエ上級プロの廣江美和子さんが仲を取り持ちました。廣江さんは、大阪の伝統野菜の普及活動を行うＮＰＯ法人を立ち上げ、農家さんを応援しています。彼女が「手作り工房　堺あるへい堂」のご主人・岡田明寛さんと一緒に『なにわの伝統野菜飴』のアイデアも提供

していたのです。

近郊のレストラン「欧風食堂　タブリエ」では、野菜好きのオーナーシェフ福中優史さんとシェフの蜂木健一さんが季節限定で『碓井えんどうのアイスクリーム』を作っています。碓井えんどうは、和菓子にも洋菓子にも合う素材なのです。

彼女のひたむきさを知ると、誰かに紹介したくなってしまうようです。

草刈りが気持ちよすぎて農家を目指す

初めて北野さんの畑を訪ねたのは、四月中旬。畑の側にある倉庫で待っていてくれた北野さんは、キャップを目深にかぶりうつむき加減。キャップの下から見つめる目力の強さに、一瞬で心をわしづかみにされてしまいました。かなりの美人です。「なぜ農業に？」という質問に、

「私、けっこうチャラチャラした女子大生だったんですよ」

とてもそうは見えませんが、ブランド品大好き、遊ぶこともおしゃれも好き、農業なんて興味も関心もない普通の女子大生だったそうです。

二〇歳の夏、小さい頃から可愛がってくれた近所のお茶の先生が、ご主人の定年退職を機に夫婦で高知にＵターン、農業を始めたのです。夏休みに遊びに行ったときに、気まぐ

れに畑を手伝いました。農作業が初めてなら、土に触れたのも初めての経験でした。

「めちゃめちゃ暑いときに毎日、毎日、草刈りばかりしていました」

「嫌にならへんかったん？」

「私、言われたことは真面目にやるタイプなんです」

そうは言ってもせっかくの夏休みにただただ草刈りなんて、普通は嫌になると思います。畑では生姜をメインに何種類かの野菜を育てており、夏は草刈りとの戦い。農薬を使わないから草がぼうぼうになって、炎天下での草刈りは大変です。刈っても刈っても草刈りが続きます。

「一日目の草刈りですごい量の草がとれたんですよ」

となぜか笑顔の北野さん。

「私、単純作業もけっこう好きなんです」

毎日、毎日、めちゃめちゃ暑い八月に草刈りをしている二〇歳の女の子に何が起こったのでしょうか。草刈りを続けた一ヵ月半の間に、自然は様々なことを教えてくれました。六月に植えられた田んぼの苗はどんどん生長し、緑がキラキラと輝き始めます。野菜の苗も花も夏の日差しを浴びてぐんぐん伸びてきました。

むせ返るような花や草の香りの中、ひたすら草刈り。これが、最高に気持ちいい。

「この仕事いい！」

このときの草刈り体験で、一生農業をやっていく決意をしたのです。なんで！　と思ってしまいますが、草刈りには、言い知れぬ魅力があるのかもしれません。ランナーズハイのようになるのでしょうか。

農家になって一生食べていくと決意したものの、どうすれば農家になれるのか見当もつきません。周りにも就農できそうな農家はまったくありませんでした。大阪は小規模農家が多く、家族経営がほとんどです。農業法人にして人を雇い入れるところも、そう多くはありません。かくなる上は、自分で農地を借りて専業農家になるしかないと決意します。

「やめとけ」

高知のおっちゃんは一喝しました。

「そんな軽い気持ちで農家にはなれない、機械もいるし、食べられるようになるまで自分の食い扶持も確保せなあかん」

定年退職で農家になったおっちゃんの言葉には重みがありました。

「おっちゃんは退職金があったからなんとかやっているけど、三年は食べられる貯金と農業をするため資金がいるよ」

ここからが北野阿貴さんが、北野阿貴さんたる所以。一度決めたら岩をも通す強さがありました。一〇年かけて、三年間食べることができ、機械も買えるお金を貯めるという決意を固めます。大学を卒業するのは二二歳。そこからの一〇年間だとすれば、三二歳。まだまだ若いとはいえ、なんたる長期計画。

「私、執念深いから」

いやいや執念深いというより、意志が強い。

大学を卒業して建設会社に就職。会社の給料だけではなかなか貯まらないので、仕事が終わったあともアルバイトに精を出し、ひたすら農家になるために働き詰めの二〇代を過ごしました。恐るべし草刈りパワーです。

そして、三〇歳になったときに退職。せっせと貯めた貯金額は一千万円。本当に三年間収入ゼロでも食べられるくらいになっていました。

農業大学校で農業を学ぶ

お金の準備は整いました。しかし、農地も農家になるためのツテもないままです。ただ、時代は北野さんが農家になる決意をした二〇歳の頃から動き始めていました。新規就農へのハードルが少しずつ低くなっていたのです。

最初に訪ねた先は大阪府の農政室。すんなり農地を借りられると思いきや、甘かった。

「女性は嫌がられるから、なかなか農地は借りにくいです」

若い女性が農地を借りて農業をやれるわけがない、やり始めたとしても一生続けられないと思われがちでした。今までにも農家を支えてきた女性は数多くいますが、新規で農業を始めた人というより、農家出身の人や、農家に嫁いで夫婦で農業をしている人がほとんどです。新規で就農し、農地を借りるには、この人なら貸しても続けてくれるだろうという信用がいるのです。

さらに個人が農地を借りるには条件があり、「農家になりたいので農地を貸してください」と言ってすんなり借りられるものではありません。農業委員会の許可が必要です。農地を効率的に利用して耕作できるかどうか、農業技術や経営能力などが総合的に判断されます。

その際、基本的な条件として取得している農地面積の合計が五〇アール（約五千平方メートル）以上であることが必要です。しかし、新規就農者が、いきなり五〇アールの農地を取得することは困難なので、現在、全国の自治体では新規就農者の農地の斡旋に、農地法ではなく、農業経営基盤強化促進法（基盤強化法）という別の法律を使っています。

「農業をする人」を先に設定し、その人に農業委員会や市町村が農地を斡旋していく方法です。これには下限面積のしばりがありません。東京都や大阪府も、この方法で農地の斡旋を行っています。

この場合の賃貸借は「利用権設定」と呼ばれています。貸し手と借り手で決めた期限が来れば、必ず所有者に返還することが決められています。これによって借り手は農地が借りやすくなりました。ただし、利用権は更新することができます。

（のちに、北野さんは、農業大学校を卒業、利用権設定で農地を借りました）

大阪府の場合、もっと手軽に農地を借りられる方法がありました。

二〇一一年に設立された準農家制度※7で、小規模でも農業を始められる制度です。準農家になれば三アール（約三〇〇平方メートル）程度から農地を借りることができ、生産物を販売することもできます。プロの農家の一員になれるのです。

大阪府の農業大学校※8では、短期プロ農家養成コースを約一年間、週に一回（合計四〇日：野菜部門）または、月二回（合計二〇日：果樹部門）のコースを受講すれば準農家として認められます。大阪府でこの制度を利用して農家になった人の多くは、六〇代前後と三〇代前後が多く、その数は毎年増加傾向にあります。

北野さんが選んだのは、大阪府の農業大学校へ入学することでした。卒業すれば認定新規就農者として認められ、農地を借りる資格もできます。

農業大学校というのは私たちが知る一般の大学とは異なります。農業経営の担い手を養成する機関で、四二道府県に設置されており、修業期間は二年です。入学方法、授業料、授業内容などは各道府県で異なります。例えば、京都府の農業大学校は全寮制で、京野菜と宇治茶に特化した授業形態をとっています。大阪府の農業大学校に問い合わせて「私はマンゴーを栽培したい」と言えば、宮崎県の農業大学校へ行った方がいいとアドバイスされるという具合です。大阪ではマンゴー栽培は学べませんものね。

北野さんが二年間通った、大阪府の農業大学校の場合を見てみましょう。

受験資格は、高卒か翌年三月に高校卒業見込みのあること、そして農業に従事するか農業技術者として従事する志のある者となっています。毎年、十一月末から願書を受け付け、試験があるのは十二月一五日前後。定員は一学年、二五名。入学金は不要ですが、授業料は年間一四万四千円。この中には作業着などの代金も含まれています。

授業では基礎的な技術、知識に加え、栽培実習、直売実習、農家実習を学べます。授業時間は、朝の九時四〇分から一六時まで。ちょっと交通の便が悪いので、日本一遅く始まる農業大学校です。

授業料はかかりますが、農業大学校で学べば、農地の斡旋や青年就農給付金（年間一五〇万円）を受けやすくなります。農業大学校に通うということは、就農するという意志があるということになりますから、在学中の二年間は、就農準備金として、年間一五〇万円が支給されます。何かにつけ農家になりたい人は応援されているのです。

北野さんに、

「就農準備金を授業料に充てたの？」

と聞くと

「使っていないです。いつお金がいるかもしれないので、そのときのために置いています」

二二歳のときから一〇年。ずいぶん回りくどいやり方に思えるかもしれませんが、時間はかかっても確実に農家になれる方法を選びました。遠回りではありましたが、その間に彼女は物事を見極める力もついていました。今から考えると、いきなり農業の世界に飛び込んでもよかったかもしれない、と北野さんは振り返ります。農業大学校の仲間に、準備ゼロで飛び込んだ人が何人もいたからです。何年もかけて資金を貯めて農家の道に進んだ北野さんからみれば、農家になりたいという思いだけで農業大学校へ入学した人たちは、かなりのチャレンジャーに映りました。そんなやり方もあるんだと思いはしましたが、それでも後悔はありません。

農業大学校で知り合った仲間たちとの交流は、卒業後も続いていて、北野さんの支えになっています。同期のメンバーとは、定期的に集まり勉強会を開いています。接木の得意なメンバーがいれば、その人を先生に「接木勉強会」を開催。野菜の緑肥にやたらと詳しい人を先生にして「緑肥勉強会」。お互いが先生になったり、生徒になったりしながら、情報交換をしています。同期には、奥さんの実家の農業を継ぐために五〇歳を超えてから農業大学校に来た人もいました。卒業後の道は様々ですが、ほとんどの人が農業に関わる仕事をしています。北野さんのように独立して農業を始めた人、農業法人に就職した人、仲卸の会社、ＪＡ職員、加工会社に就職した人もいます。

その中に北野さんが「カッコいい」と思った男性がいます。彼は農家の後継ぎだったのですが、父親を越えたいという強い思いから、農地を借りるのも親の力を借りずに自分で借り、借金をしてハウスを五棟も建てました。

「農業ほどおもしろいものはない。将来は、子どもたちが、サッカー選手がカッコいいというのと同じように、農家はカッコいいと言わせたい」

と、熱く語る姿に、北野さんは刺激を受けたと言います。

同じ苦労をしている仲間がいるのは心強いことです。農業大学校の二年間で多くの農家仲間ができました。

「自分がしんどいとき、みんなも同じだと思えば頑張れます」

会社員だったころ、情報を得るためには人脈を作ることが一番だと学びました。その経験が就農後、大いに役立っています。農業大学校時代、農家の大先輩であるプロ農家のところに何度か研修に行く機会がありました。イチジク農家もいれば、なす農家も葉物農家もいました。北野さんは、研修に行く度に、お世話になった農家に必ずお礼のハガキを出し、時間を置かずにまたその農家を訪ねました。

「遊びに行ったようなものなんですが、一週間研修したあとですから何を手伝って欲しいのかがわかるんで、袋詰めや出荷のお手伝いをさせてもらいました」

農家さんにとってみれば、可愛くないはずがありません。まあ、ご飯食べていってとか、これはこうしたらうまくいくんだよとか、技術も教えてもらえました。北野さんの師匠の誕生です。それも一人や二人ではありません。いらなくなった支柱に使うパイプがあれば

「これ、持って帰り」とやさしい言葉もかけてもらえます。

農業大学校で学んだ基礎に加え、経験豊富なプロ農家から教わる実践の知識ほどありがたいものはありません。毎年、同じように作物を育てていても去年とは違う虫が出たり、病気になったり次々にわからないことが出てきます。

その度に質問できる師匠がいます。農家になるための知識と経験はいくらあっても足りません。毎日が勉強です。

女三五歳　ついに農家になる

農業大学校で学ぶこと二年、卒業と同時に念願の農地を借りてスタートを切りました。農家になる決意をしてから一五年の年月が経っていました。

北野さんは農業大学校在学中から土地探しを始めます。農業大学校の先生が農地を貸してくれる地主さんを探すために、一緒に大阪府の役所まわりをしてくれました。中には、こんなことを言った市役所の担当者もいました。

「そんなに農家になりたかったら農家に嫁にいけばいい」

暴れたろかと思ったそうです。

その中で唯一、手を挙げてくれたのが羽曳野市役所でした。農業大学校の先生のお墨付きがあるならと、担当者が言ってくれました。ただし、それだけでは農地は借りられません。

市役所の担当者のお墨付きがあるならと、農地を探してくれたのは農業委員の人でした。農地を借りるには農業委員の許可がいるのです。農業委員というのは、簡単に言えば、その土地の人で、農業をしている人。周辺の農家がちゃんと耕作しているかどうかをチェックして回っている人でもあります。この農業委員が地主さんを紹介してくれるのです。地主さんは、農業委員のお墨付きのある人ならと、農地を貸してくれるというわけです。すべて、お墨付きの連続ですね。

農業大学校の先生（お墨付き）→市役所の担当者（お墨付き）→農業委員（お墨付き）
→地主→新規就農者

こんな感じです。

土地を貸してくれた地主さんは、ちょうど、借り手を探していました。

「みんなめっちゃいい人だったからラッキー」

こうして、碓井地区で一〇アール（約一千平方メートル）の農地を借りられることになりました。前出の利用権設定と呼ばれる方法です。北野さんと地主が決めた期限は三年ですが、よほどの事情がない限り、期限が来ても利用権を更新できます。

一〇アール（約一千平方メートル）の畑では、ありとあらゆるものを栽培しました。ジャガイモ、なす、オクラ、玉ねぎ、菜の花、キャベツ、大根、人参、スナップえんどう、イチゴなどなど。実は、こんなに多くの種類を植えるつもりではなかったのです。

「この苗、植えたらええ」

「なすの苗持って帰り」

「これも植えてみたらいい」

と、周りの農家さんや師匠たちが苗をたくさん分けてくれた結果、少量多品目栽培になりました。十一月には、念願の碓井えんどうも植えました。

最初の一〇アール（約一千平方メートル）を借りるのはかなりの難関ですが、毎日、堅実に畑に出ていれば、段々と農地は借りやすくなります。「誰かわからない人」から「責任を持って農業をしてくれる人」に変わるからです。二〇一七年現在、三アール（約三〇〇平方メートル）だった碓井えんどうの作付面積も一〇アール（約一千平方メートル）に増え、農地面積は四〇アール（約四千平方メートル）になりました。

二人目の地主さんは、草刈りしかしていない農地を持っており、誰かに貸したい気持ちを胸に秘めていました。そんなとき日々、畑に出ている北野さんの姿を見て、「あの子、借りてくれないかなあ」と地域の農業委員に相談。前にお世話をしてくれた東國夫さんです。

「借りるか？」

とすぐさま北野さんに連絡が入り、快諾と相成りました。

どの新規就農者もそうですが、最初に借りた土地で農業に励んでいれば、どこかで誰かが見ていてくれます。そしてそれは信頼に繋がり、さらに農地が借りやすくなります。

「あの人なら大丈夫」

周囲にそう思ってもらえることが大事です。

今、北野さんにとっての喜びは、あれも育ててみたい、これも育てようと考えることです。

「これからハウスも建てようと思っています」

目を輝かせながら、さらに驚くべきことを言いました。

「なんでも自分でやりたいんで、建築の勉強もしたいんです」

ハウスを自分で建てる気です。そのときは半信半疑で聞いていましたが、半年後、念願のハウスを二棟建築。しかも一棟は、業者に頼らず自力で建てたというのです。それもたった一人で。

「一体どうやって建てたの？」

一棟目のハウスを業者に頼んだ際、一部始終を見学しながら、彼女はこう言いました。

「二棟目は自分で建てたいので教えてください」

実は、彼女の前職は工事系の会社です。とはいえ、実際に彼女が工事現場で工事をしていたわけではありません。工事の技術は親方の財産。プロの知識を素人に教えたくないと

いうことも重々承知でした。しかし、ハウスの建築中に熱心に写真を撮り、メモをとり続けている彼女を見ていた業者の人は、

「よっしゃ、教えたろ」

と言ってくれました。彼女の熱心さと熱意が心を動かしたのです。

教えたくないはずのプロの知識を、実現可能な方法で教えてくれました。ハウスは、間口五・四メートル、奥行き三〇メートルです。プロは三人一組で作業をし、延べ一二時間で完成させます。これを女性が一人でやろうというのですから、並大抵の覚悟ではありません。

でもできたんですよ、これが。なんと、業者の人が一人で建てる方法を伝授してくれたのです。一人でやるためには、パイプを持っていてくれる人の代わりになる工具がいるから、どんな工具を使えばいいのかも教えてくれました。それでも何度も倒れたり、斜めになったりするビニールハウス。畑は基準通りの四角ではありません。いくら教えてもらったとはいえ、考えることが多すぎました。でも、そんなことではくじけません。時間も体力もたくさん使って完成させました。農閑期の冬場ではありましたが、農作業をしながら使える時間は一日に二、三時間。三週間かけて見事完成させました。プロに頼めば六五万円かかる費用が四〇万円で済み、二五万円が節約できました。

さらに水路を作るために井戸を掘りました。実は、新しく借りた農地は耕作放棄地だっ

たため、井戸がないと厳しい状況。井戸って、自力で掘れるものなのでしょうか。決して闇雲に井戸を掘ったわけではありません。隣の畑に井戸があり、必ず出るという確信がありました。地下の水脈が浅いため五メートル以内で出るという目途も立っていました。

しかも強力な助っ人が次々登場し始めます。井戸を掘り始めると、村の農家のおっちゃんたちがわんさかやってきたのです。

「あきちゃんとこ、井戸掘っているらしいで」

噂はあっという間に広がりました。

一番活躍してくれたのは、この農地を紹介してくれた農業委員の東さん。農業委員をしている人は農家でもあり、地域のいわば顔役。百人力です。そうして村の多くの人の手助けで、なんとか井戸が完成しました。畑にいるときは一人ですが、農業は決して一人の力だけではやっていけないのです。北野さんが地域の未来に繋がる農家であることを、みなさんが認めてくれたからこその協力でした。

こうして、着々と「農園きたの」のお城ができつつあります。こういった設備投資は、お金はかかりますが農作業の効率アップに繋がります。二棟のハウスでは小松菜、水菜を中心にした葉物を栽培中。ハウスはもっと増やす予定です。「農園きたの」は、自分が社長で社員ですから、なんでも一人で決めて実行できるので楽しさ倍増です。とはいえ、決して一人でなんでもできるとは思っていません。周りの大先輩の農家さんや農業大学校時代の同窓生のアドバイスはありがたいですし、ときには機械を貸してくれたりします。力も貸してくれます。離農される農家さんがいると情報をくれるのも農家仲間の友人、知人。軽トラに乗って、せっせと農家さんに出向き、いらなくなったパイプをもらいます。パイプはいくらあっても足りません。支柱にするだけでなく、棚を作るときにも役立ちます。

最初、女性一人で農家は無理だと言われた北野さんでしたが、「周りの農家のおじいさんたちは、自分より小柄なのに農業をやっている。だから大丈夫」。そう思ったそうです。実際、マサルさんも北野さんよりずいぶん小柄です。

「それに、女はびびらないでしょ」

確かにそう。一度、こうと決めた女はびびらないです。

やりたいことは無限大。周りには三〇代半ばで、やる気のある子育て世代の女性たちがいっぱいいます。この町で、子育てしながらできることはたくさんあります。「農園きたの」の農作業を手伝ってもらいたいというのではなく、近い将来、販促活動のメンバーになってもらえればと考えています。

地主さんに頼まれて二年目はお米も作りました。稲刈りには、近所のおじちゃんだけでなく隣村のおばちゃんも応援に来てくれました。

北野さんは、何でも自分でさっさとやるタイプ。「手伝って欲しい」とお願いしてはないはずです。いい農作物を作りたいという気概に満ちた姿勢が、大先輩の農家さんたちの心を掴み、「手を貸してやろう」という気持ちにさせているのでしょう。

ハンサムガーデンとの出会いと可能性

「農家になるために、知識と経験はいくらあっても足りない」とは、大先輩の言葉です。先輩たちは経験や勘に基づく知識を多く持っていますが、明確な言葉や数値にはされていません。経験談をなんとなく聞いても、新規就農者はなかなか理解できませんし、実際に腑に落ちるまでには時間がかかります。師匠について学んだとしても、農業で一人前になるには五年から一〇年はかかると言われています。

師匠に教えてもらうのはありがたい限りですが、他の意見や最新の技術も知りたいもの。技術が向上すれば、安定した収穫にも繋がります。そんな風に考えていた北野さんに、新しい出会いがありました。

野菜の出荷先である「ハンサムガーデン」を主催している窪一さんです。窪さんとの出会いもまた、知人が取り持つ縁でした。農業大学校の先輩が窪さんのところに農作物を出荷していました。あるとき人出が足りないからマルシェなどの運営を手伝って欲しいと頼まれたことがきっかけです。今でも月三回、大阪の西区にある循環型農業に取り組む農家さんの野菜の配達と発注のお手伝いをしています。半日働いて五千円のアルバイトです。このマルシェのお手伝いで野菜を買ってくれる人に直に触れ合え、他の農家さんとの繋がりも増えています。

二〇〇九年に設立されたＮＰＯ法人ジオライフ協会が運営している「ハンサムガーデン」は、今まで暗黙知のかたまりだった農業を変えていこうとしていました。「ハンサムガーデン」という名前は、外国から来た人が思わずつぶやいた「なんてハンサムなガーデンなんだ」という一言から名付けられたとか。日本語で言えば、風光明媚な美しい土地、錦地です。

農業を目指す若者と、限界集落の里山を救いたいという思いからスタートしたＮＰＯ法人ジオライフ協会。「農業を始めたけど、作物を売るところがない」という、農家歴三年から四年目の人を対象に、集落を巻きこんで観光体験農場として運営していけるように支援するのが最初の目的でした。

農家になった一年目は、土地を借りられたことで満足しがち。二年目になると、やっとどうやって食べていくかを模索し始めます。三年目にこのままでは難しい、食べていけないと理想と現実に直面します。三九歳以下の新規就農者のうち三割程度は、生計の目途が立たないことなどから五年以内に離農しています。

全国農業会議所が二〇一三年十二月に新規就農者を対象に行ったアンケート調査によると、実際の就農に際し苦労した点は、「農地の確保」が最も多く、次いで「資金の確保」、「営農技術習得」となっています。

過疎が進んで増えた耕作放棄地を観光体験農場として活用し、農業歴の浅い新規就農者が関わることで、収益を還元して集落も潤うという企画でした。でも、うまくいきませんでした。なぜ、うまくいかなかったのか、窪さんはこう言います。

「実は、個人で就農した農家は多くを求めていないんです」

そこにあるのは助成金の壁でした。収入が増えれば給付金が減り、最後にはもらえなくなるという事実が存在していたのです。

年齢条件はありますが、新規就農者は農業を始めてから経営が安定するまで最長五年間、年間最大一五〇万円を給付されます。準備期間を含むと最長七年です。※5参照

たとえば今年一〇〇万円の農業収入があれば翌年の給付金額は（三五〇－一〇〇）×三／五＝一五〇万円になり、給付金を除く所得が三五〇万円を超えると給付が停止になります。

「せっかくもらえるお金なんだから、もらえるだけもらっておこう」

と考える人が多いのです。せっかく志を持って農家になったのに、給付金をもらえる間は拡大する気がない人が多いのが現状です。

給付金をもらっている間に経営戦略を考え、農業技術を学んでいかなければ、気が付いたときには給付金は終了。給付金がなくなったときから「さあ、頑張るぞ」と、農地を増やして販路を拡大しようとしても、そう簡単にいくはずがありません。

「新規就農する人ほど頑張らないといけないんですが、給付金に甘えてしまうんです」

金の切れ目が縁の切れ目になってしまいがちな給付金。給付金が農家としてのスタートの背中を押してはくれていますが、諸刃の剣でもあります。これまで取材してきた新規就農の人たちは口を揃えていいます。

「給付金はありがたいものですが、当てにしてはいけない。頼ってはいけない」と。

センサーを使ったＩＯＴでデータ収集に協力

窪さんたちは方向転換を図りました。営農技術を学び実践できる環境を提供することと、経験が最も重要だと考えられていた農業の技術を、インターネットを利用した情報処理技術、ＩＯＴ（Internet of Things）を活用し、畑の環境を計測し、そのデータを共有できるようにするというものです。

奈良県宇陀市にあるハンサムガーデン農場と近隣の農家で、実証実験を行っています。この実証実験に北野さんも協力していて、枝豆栽培環境のセンシングデータを提供しています。センシングデータとは、センサーを使って畑の日射量、気温、降水量、土壌水分などをリアルタイムに計測し、管理指導者に自動送信されるものです。これに加えて、生産者が写真を撮って送ることで、その画像データに、畑の場所、栽培品目などのタグ情報が紐付けられて、のちに検索したり、振り返りやすくなります。

土壌水分センシングの目的は灌水のタイミングの把握です。枝豆は花を付ける頃になると、水のストレスに敏感になるため、この時期の水遣りが収量に大きく影響します。水のストレスを感じると、葉っぱが角度を変えるなど、草姿から水の不足具合がわかります。こういった環境と農作物の生育状態をデータ化し、蓄積することによって、栽培方法が細かく分析でき、ノウハウの見える化ができます。これらの情報を共有することで、新規就農者や新たな技術に取り組む人に、よりわかりやすい支援ができます。暗黙知が形式知に変わり、師匠がいなくても、技術を理解することができるのです。

窪さんに案内されたのは「ハンサムガーデン」で露地栽培をしているレタス畑。収穫までまだ少しばかり期間があるレタスが何種類も育っていました。

「このレタスは、みんな売り先が決まっているんです」

販売先は大手スーパー。レタスを買ってくれるお客さん（販売先）を先に確保し、販売日から逆算し、必要な量の種を撒きます。もちろん歩留まりも計算します。土作り、育苗、収穫予測を三本柱に、農業経験の浅い人たちに指導しています。

技術を短期間で習得できれば、農作物を早くお金に変えることができます。

先を考えずに農業をしていると、次の一歩が生まれません。次のステージを考えるためには、いろんな農業技術を身につけることも必要ですし、その後の成長シナリオを自分で書けなければ進歩はありません。栽培に失敗したときに原因不明のままで終われば、来年も同じ失敗をするかもしれません。たまたま今年はうまく育ったのではなく、何が良かったのか、不作だったのは何が悪かったのかが明確になれば対処ができます。語り継がれた方法や迷信のようなものは、当たりのときもあればハズレのときもあるのです。

農環境をＩＯＴ計測することで、より正確な現状分析ができて、一歩先を読んだ手が打てる。そういった時代が目の前まで来ています。

碓井えんどう知名度アップ作戦

貯金のおかげで少しお金に余裕があるとはいえ、ずっと赤字生活を続けるわけにはいきません。北野さんは、今後の展開をこう考えています。

株式会社碓井えんどう（仮）の設立です。

北野さんが小学校へ、食育授業に訪れたあとに、嬉しい出来事がありました。授業参観で羽曳野の自慢を子どもたちに発表させたところ、何人もが「碓井えんどう」と言ったのです。今までになかったことでした。それをきっかけに給食に碓井えんどうを取り入れる話も浮上。子どもが食べたいと言えば、お母さんも豆ご飯を炊いてくれそうです。

とはいえ、生鮮食品としての碓井えんどうの需要は落ちています。北野さんと同年代の三五歳前後の女性はわざわざ豆ご飯を炊かないという人がほとんどでした。収穫できる時期は四月中旬から五月中旬までという短期間。それだけに出会う機会も少なく、おいしさを伝えられる期間も短いのです。碓井えんどうの需要を増やしていくためにも知名度アップを図らなければなりません。碓井えんどうをそのまま出荷するだけでなく、加工品としての需要を増やしていくことにしました。

出荷の際にどうしてもＢ級品も出てきますが、これを加工用にすることで利益も出ます。碓井えんどうが魅力的な商品になって市場に出れば、知名度も上がります。

豆ご飯は炊かない↓碓井えんどうの豆大福はおいしい↓碓井えんどうクリームのケーキは大好き↓碓井えんどうはおいしい↓豆ご飯を炊いてみよう

こうなれば、どんなに素敵でしょう。加工品によって碓井えんどうの知名度を上げることで、野菜としての碓井えんどうの価値を上げたいのです。また、どうしても出てくる形の悪いものをＢ級品として価格を下げて販売するより、ペーストなどに加工する方が無駄も出ず、収益も出せます。旬の短い碓井えんどうを世に広めることができるのです。

すでに和菓子屋さん、レストラン、飴屋さんが、碓井えんどうのお菓子を作ってくれていますが、これらは碓井えんどうをそのままの状態で買ってもらっています。碓井えんどうはスイーツに転化できる可能性を秘めているのです。だからといって、彼女が自分で加工品を作るのにはアイデアもお金もかかります。

北野さんは、何より農作物を育てることが好きなのです。だから、自分で商品加工を考えるのではなく、ペーストや粉末にしたものを販売し、独自のアイデアで製品化してくれそうな店を販路にすることにしました。

自分が育てた碓井えんどうが、どんなスイーツになるのか、どんな加工品になるのか、プロが加工に使いやすいものは何か、リサーチを開始。日頃から、

「私、碓井えんどうを作っています」

という、アピールを続けていくうちに知り合いから知り合いへと人脈が広がっていきました。購入してくれる和菓子店や洋菓子店の目途もついてきました。和菓子屋さんからは「ペーストになっていたら買うよ」という声が多くありました。

洋菓子店やパン屋にとって重要なのは香りと色。抹茶のように粉末状の方が使いやすいということもリサーチしました。何しろ、碓井えんどうは和菓子や洋菓子だけでなく、和食にも洋食にも使えます。ソースやドレッシングにも適すので、加工業者もアイデアを絞ってくれています。ただ、ペーストにするにも粉末にするにも設備や機械が必要なはず。どうするのかと思い、尋ねてみると、

「販売はこれからですが、もう、ペーストも粉末も作ってみたんです」

農業大学校のある大阪府立環境農林水産総合研究所には、野菜や果物をペースト化、粉

末化できる最新の機械が揃っています。保健所の許可申請もできているスペースで、半日や一日単位で格安で借りられます。ここを利用したのです。

碓井えんどうを使ったお菓子たちは、世に出て碓井えんどうの名を広めてくれます。ペーストや粉末に加工して販路を広げるためには、栽培面積も増やしていかなければなりませんが、一人で耕せる面積には限界があります。特に収穫の時期は一気にやってきます。そのためにパートなどの雇用も視野に入れています。

二〇一七年に収穫する碓井えんどうは五アール（約五〇〇平方メートル）。さらに、この年の十一月に植える作付面積は一〇アール（約一千平方メートル）を予定しています。

もう一つの野望は、羽曳野市の特産でもあるイチジクの栽培です。せっかく羽曳野で農家になったのですから、地域の農作物をメインにしていけば、地域の活性化にも役立ちます。碓井えんどうの旬は四月から五月。イチジクの旬は八月から九月。収穫の時期がずれるメリットもあります。近い将来、イチジクを栽培するために、就農した年からイチジク農家に教えを乞いに出かけています。

その農家さんは、北野さんの一番の師匠、あの農業委員の東さんです。東さんは、イチジク農園を北野さんに貸す準備をしてくれています。二〇アール（約二千平方メートル）のイチジク畑を貸してくれる予定です。しかもその内の一〇アール（約一千平方メートル）は、植え替え中の畑。イチジクは一度植え替えれば、一五年間は植え替えずに済むのです。

さらには、周年安定した出荷が見込めるビニールハウスでの葉物栽培を開始しました。収入を安定させるため、出荷のない時期を減らすのです。

起農したときは一〇アール（約一千平方メートル）、それから徐々に農地を増やし、現在は四〇アール（約四千平方メートル）になりました。初年の二〇一五年度の売上げは約八〇万円、二〇一六年度は、約一五〇万円。二〇一七年度の売上げ目標は二五〇万円。当初予定の三年で軌道に乗せなければなりません。

農業をやろうと、一千万円を貯めることから始めた北野さん。計画を立てて実行していくのは、得意中の得意です。二〇一七年の春からは「碓井豌豆保存部会」の部会長になりました。

畑作業中の北野さん

■農業者概要

農園きたの
北野阿貴（一九八〇年生）
大阪府羽曳野市碓井
就農／二〇一五年四月
農地面積／四〇アール（約四千平方メートル）
主な栽培品目／碓井えんどう、米、軟弱野菜
初年度売上げ／約八〇万円
主な支出／
　トラクター（一八万馬力）　一八〇万円
　畦立て成形機　五〇万円
　農機具保管小屋　一五万円
　ビニールハウス一棟　六五万円（材料費
　＋設営費）
二〇一六年売上／約一五〇万円（青年就農給付金　一五〇万円）
主な支出／
　井戸のポンプ　三〇万円
　ビニールハウス一棟　四〇万円（材料費）

碓井えんどう畑

■北野さんの野菜を購入できる場所

●高鷲朝市直売所
大阪府羽曳野市高鷲一〇─七─一（ＪＡ大阪南高鷲支店）　七時三〇分～九時頃まで／水曜のみ営業

●あすかてくるで 羽曳野店
大阪府羽曳野市埴生野九七五─三
電話　〇七二─九五七─八三一八

※５　青年就農給付金（二〇一二年開始）（現在は、農業次世代人材投資資金に名称変更されています。）
●四五歳未満の人を対象に、就農前後の所得確保を目的としたもの。「準備型」と「経営開始型」の二つがある。
準備型
都道府県が認める道府県農業大学校や先進農家・先進農業法人等で研修を受ける就農者に、最長二年間、年間一五〇万円を給付。
経営開始型
新規就農をする場合、農業を始めてから経営が安定するまで最長五年間、年間最大一五〇万円を給付。前年の所得に応じて変動。前年の所得が一〇〇万円未満の場合は一五〇万円。前年の所得が一〇〇万円以上三五〇万円未満の場合、給付金は変動（平成二七年度の新規給付対象者から適用）

※６　なにわの伝統野菜（二〇〇五年「なにわの伝統野菜認証委員会」を大阪府が結成）
認定基準
●大阪府内、市内で概ね一〇〇年以上栽培されているもの

●現在も府内、市内で生産されているもの
●現在も種子の確保が可能なもの

※7　準農家制度
農家の担い手育成や遊休地解消を目指し、農家以外の人が小規模から農業経営に参入できる大阪府の制度。二〇一一年設立。大阪府が橋渡し役となって農地を貸出し、収穫した作物を販売できる全国的にも珍しい仕組み。自治体などが行う農業研修や市民農園の栽培など一定期間農作業に関わった経験者を「準農家候補者」として登録し、希望にあった農地を紹介、収穫した野菜は販売もできる。

※8　正式名称・大阪府立環境農林水産総合研究所農業大学校
農業後継者や農業技術者の養成を行う教育・研修施設
二〇一四年度卒業生実績
自営就農二名、新規就農四名、雇用就農四名（農業法人）、研修雇用就農四名（農の匠等）、JA二名（JA大阪南、JA大阪北部）、農業関係企業一名　他

第4章

若手だけで念願の出荷組合を作る

小林庸恭（こばやしのぶたか）さん　大阪府羽曳野市

海外のぶどう畑で初農業体験

大阪府羽曳野市はぶどうの栽培が盛んです。しかし、時折、今は使われていない荒れ果てたビニールハウスを見かけることがあります。ボロボロになったビニールがピラピラと風に揺れる様子は、とても寂しい光景です。何らかの事情で栽培をやめてしまったぶどう畑です。

放置されたハウスのぶどう畑で、新たにぶどうを栽培するのは難しいそうです。手入れのされていないぶどうの木は、良いぶどうが育たないため抜かなければなりません。さらに、年を追うごとにどんどん生えてくる雑木も抜かなければならず、加えてボロボロになったビニールハウスの片付けもあります。放置されたハウスを引き継いだとしても、新たに苗を植えてすぐに実がなるわけではありません。二年ほどで実はなりますが、商品になる実がなるまでには数年かかります。

そう考えると、体力的なこと、利益率のこと、やめた理由はおおかた予想がつきますが、その前に誰かに託すことはできなかったのでしょうか。やりきれない思いがいつも心に残ります。ぶどうの廃園が拡大する原因は、部外者に対する閉鎖的な風土があるからです。

そんなときに出会ったのが小林庸恭さん、新規就農でぶどうを作っているというのですから驚きました。新規就農者がイチから栽培するにはかなりハードルが高いはず。

「よく、新規就農でぶどう農家になれましたね」

「たまたまごっつうええ人にめぐり会えたんで」

「たまたまは人生にはないんや、必然やで」

そう言いそうになり言葉を飲み込みました。とにかく、このたまたま出会った「ごっつうええ人」たちの応援によって、ぶどう農家への道が開けたのですから。

小林さんは羽曳野市のサラリーマン家庭の四人兄弟の末っ子として生まれました。もちろん農業とは無縁です。高校からエスカレーター式で大学へ入った頃、父親が突然「金がない」と宣言します。上の二人の教育費にお金がかかり家計は金欠状態だったのです。

特に目的もなく学生生活を送っていた小林さんは、ショックを受けるどころか「これで自由になれる」と半年で大学を中退し、バックパッカーへの道をまっしぐら。きっかけは、『アルケミスト　夢を旅した少年』（角川書店）という本。羊飼いの少年が、宝物が隠されているという夢を信じて、エジプトのピラミッドに向かって旅に出て、人生を学んでいくというお話でした。

はじめに行った北海道で、生まれて初めて「人生が楽しい」と感じたそうです。一人で自由を満喫できることが楽しかったのです。次に向かったのはネパール。特に興味があったわけではなく、バックパッカーなら行くだろうと、なんとなく。バックパッカーの必需品である『地球の歩き方』（ダイヤモンド社）のネパール版を持って旅立ちます。ハウマッチをハウメニーというほどの英語力しかなく、買い物すら満足にできない。このとき、もう一つの必需品である英語の辞書を忘れていました。なんとか探し出して購入したのが、中古の日本版の英会話本でした。ネパールで日本版の本が手に入るなんて奇跡です。先輩のバックパッカーが残していったもののようで、ありがたい、ありがたい。行き当たりばったり、見るものすべてが驚きと興奮だらけ。

日本とは文化も価値観も違うネパール。人目を気にせず、やりたいことをやり、自分と違う人がいても受け入れる、そんな自由な雰囲気を体感しました。

「世の中いろんな人がいるもんや。なんでもいいんや」

ネパールから帰国後、オーストラリアの先住民、アボリジニの楽器「ディジュリドゥ」にハマります。聴かせてもらいましたが、なかなかの腕前です。ハマったら、即行動です。ディジュリドゥの聖地オーストラリアへ、ワーキングホリデーに旅立ちました。現地では、同じようにディジュリドゥに魅せられた日本人と出会い、ワーキングを忘れてホリデー三昧。

「帰りの旅費がない！」

という状況になります。働いてお金を稼ごうとして出会ったのが、ちょっと日本語がしゃべれるスリランカ人。仕事があると言われて、ついて行った先がぶどう畑でした。広大な土地に広がるぶどう畑です。若いとはいえ、あまりにも重労働で低賃金。「二度とぶどうの仕事はするまい」と誓って、旅費が貯まるとすぐに帰国しました。帰国後、「料理を適当に覚えて、小さい店でもやろう」と、イタリア料理店で夜のアルバイト。ひたすらカニのクリームパスタを作る日々が続いていました。

そんなある日、友人から連絡がありました。

「ぶどう農家のアルバイトを辞めるんだけど、昼間、あいているなら働いてみないか」

どうしても小林さんをぶどう農家にしたいという天の策略でもあったのでしょうか。二度とぶどうの仕事はするまいと思っていたことなどすっかり忘れて、二つ返事で承諾しました。辛いことは忘れてなんぼ。ええ性格です。しかし、この決断が彼の人生を大きく変えることになりました。

羽曳野駒ケ谷のぶどう農家での面接は、

「お前、焼酎飲めるんか？」

「はい。飲めます」

この一言で採用が決まりました。このとき、焼酎が飲めなかったらぶどう農家になっていなかったかもしれません。そのぶどう農家、竹中巧さんが「ごっつうええ人」でした。この先、何人か登場する「ごっつうええ人」の一番目です。

ぶどう畑に出た小林さんは、オーストラリアとの違いに驚きを隠せませんでした。高度な剪定技術、ハウスの温度管理に土作りと、丹精込めて育てられているぶどうに面くらいます。何より、五〇歳を過ぎた竹中さんが幸せそうに農作業をしているのが印象的でした。今まで経験した数々のアルバイト先で、竹中さんのようにええ顔で働いている人を見たことはありませんでした。みんな仕事に疲れていました。緑に囲まれたぶどう畑で黙々と一人で農作業をしている竹中さんが心底羨ましくなりました。

「農業って、こんなええ笑顔ができる仕事なんや」

そうこうしているうちにイタリア料理店が潰れ、ぶどう畑一本の生活になり、手間をかけてぶどうを育てることに、やりがいも感じてきました。

小林さんは、季節と共に日に日に変化していくぶどう畑の風景を眺めながら無心で働きました。ときには野ウサギも顔を見せてくれました。オーストラリアであんなに嫌だったぶどう栽培が楽しいのです。

小林さんの働きぶりを見ていた隣のぶどう畑の主から、

「うちにも手伝いに来てくれへんか」

という声がかかります。

小林さんは、ぶどう農家が一番苦労しているビニール張りなどを手伝いに行きました。一〇アール（約一千平方メートル）のハウスのビニールを張るためには、五人がかりで一日、二日はかかる重労働です。こうしてぶどう畑でのアルバイトに明け暮れる日々が三年続きました。当時の年収は約一〇〇万円でしたが、バックパッカー時代にお金がないことに慣れていたことと、実家暮らしだったこともあり、ご機嫌な毎日でした。次第に自分自身がぶどう農家になりたいという気持ちが高まってきます。

ぶどう農家になる夢を実現

ぶどう農家になると決意したものの、周りに新規でぶどう農家になった人はどこにもいません。農協や市に相談しましたが、前例がないと軒並み断られてしまいます。貸してくれるぶどう畑はなく、新しくぶどう農家になるための方法は皆無でした。

「農地を借りるには農家でなければならない。農家になるためには農地を持っていなければならない」という条件です。しかも単に畑を借りたいのではなく、ぶどう農家になりたいのですからよけい高いハードルです。

小林さんの意気込みを見て、「ごっつうええ人」の一番目、農場主の竹中さんが、

「農地を貸したるわ」

と言ってくれました。アルバイトで任されていたぶどう畑でした。約六〇アール（約六千平方メートル）の農地、ハウスにして三棟のぶどう畑を借りることができたのです。放棄されたハウスではなく、次の夏に収穫できるぶどう畑です。

ハウスでぶどうを作っても作らなくても税金は変わりません。人に貸すとややこしいだけだと、なかなか貸してもらえないのが実情です。いくら親しくても、気前よく「貸したるわ」の一言で貸してくれる農家はなかなかありません。アルバイトしていた三年間の信頼関係が生んだ結果です。

こうして二〇一〇年十二月、ごっつうええ人たちが支援してくれたおかげで、認定農家として、念願のぶどう農家になることができました。あとに続く人の前例となる第一号、大阪府羽曳野市唯一の農外出身者農家です。小林さん、三一歳のときでした。

ぶどう農家になった小林さんに、竹中さんは市場や出荷組合を紹介し、住む家まで貸してくれました。周りの農家さんも、軽トラ、出荷するための梱包器、動力噴霧器、カゴにいた

るまで、必要な機材を貸してくれたり、譲ってくれました。初期投資ゼロのスタートです。

就農してからは、農作業のかたわら片っ端から本を読み漁りました。ぶどう関連の本、農業に関する本、新短梢剪定の本や微生物の本、四倍体ぶどうを作る本、さらには『僕がワイナリーを作った理由』、『奇跡のリンゴ』、『自然農法　わら一本の革命』、『農で起業する』など、ドキュメンタリーも含めて読書家に急変。京セラ、ユニクロ、本田宗一郎に松下幸之助と経営者の本もかなり読んだそうです。彼が最も感銘を受けたのは、タリーズコーヒーを日本に持ってきた松田公太氏の『すべては一杯のコーヒーから』に書かれていたこと。タリーズ一号店を作るとき、生まれて初めて大きな借金をした松田氏が借用書に印鑑を押す前にこう考えました。近くのコンビニを回ってアルバイトの時給を調べ、コンビニで三〇年程度アルバイトを続ければ借金が返済できるはず。そのことを確認してから借用書に印鑑を押したというエピソードです。「やるならそのぐらいの気持ちでやらなあかんよな」と肝に銘じたことを、今でも鮮明に覚えているそうです。

「このとき読んだ経営者の本に共通していたことは、お客さんや周りの人に喜んで欲しいと強く思っていたということです」

そういう経営者だから事業が続けられたということですね。それから数年経った現在の愛読書は父親からもらった足利学校の論語の本だそうで、

「今まで読んだ経営本の内容がほぼ載っている」

という結論に達したそうです。渋いね。

試行錯誤の販路開拓

作ったぶどうは直販にしようと考え、道路沿いにある竹中さんの倉庫を借りて直売所を作ります。しかし、売れようが売れまいが直売所にいなければならず、一人では困難でした。かといって人を雇う余裕があるはずもなく、すぐさま、続けるのは無理だと結論を出しました。

次に緑化協会が主催している大阪マルシェに出店しようと申し込んだものの断られてしまいます。こんなことであきらめるわけにはいきません。「大阪の農業は俺が変えるというありったけの思い」を書いたファックスを送って出店権を獲得しました。

思いは自分で届けようとしなければ通じません。どうせだめなら当たってくだけろ、ときには当たりも出ます。出店が叶ったマルシェは新鮮で刺激的で、以降、ありとあらゆるマルシェに積極的に出店を試みました。売りに行く度に、

「大阪でぶどう作ってるなんて、知らんかったわ」

という声を耳にします。

自分の周りにはこんなにたくさんぶどう畑があるのに、知名度が低いことに愕然としま

した。

その頃、オーストラリア時代に知り合った仲間が勤める店、大阪府池田市にある「ばんまい」という自然食レストランが仕入れてくれることになりました。農家から直接仕入れた野菜やフルーツの販売もしているレストランです。小林さんのぶどうは、「大阪エコ農産物」の認証を取得（二〇〇九年）していたので、すぐに取引が始まったのです。この「大阪エコ農産物」というのは、農薬や化学肥料の使用を通常の半分以下に抑えて栽培された大阪府が認証する農産物です。認証を受けたのちも、毎年チェックを受け、基準を超えた場合は、取り消される制度です。

こうして少しずつ、置いてもらえる店が増えてきた頃、大阪府の働きかけで阪神百貨店内の青果売り場にデラウェアを出荷する話が持ち上がりました。ベテラン農家に交じって若手ぶどう農家の二人も加えてもらうことができました。同じ駒ヶ谷地区でぶどう農家「上田ぶどう園」の三代目の上田伸幸さんと小林さんの二人です。

「僕らのぶどうはどんな形で売られているんやろ。見に行こう」

と、二人が物見遊山で阪神百貨店へ足を運ぶと、青果販売店「(株) 米島」社長の米島信一さんは、大歓迎してくれました。それまで売り場に足を運んだぶどう農家はいなかったそうです。若い生産者に気概を感じ、いろいろと販売指導をしてくれました。

「売り先は最低一〇件はもっとけ。一件にたくさん出荷していたらそこがダメになったら終わりや。明日潰れるとわかっていても会社は発注する」

ありがたいアドバイスでした。

販売初日に出荷したデラウェアは酸っぱいとダメ出しされました。

「俺が酸っぱいと言うてるんやない。お客さんが言うてるんや」

そう米島社長に言われました。

デラウェアは決して酸っぱいぶどうではありません。出荷のタイミングの問題です。出荷してしばらくしてから甘さが安定してくるので、完熟させてから出荷すれば甘さの問題は克服できますが、日持ちがしなくなります。加えてデラウェアはぶどうの中でもいち早く出荷される品種のため、市場に早く出荷すればするほど価格が上がり、日を追うごとに安くなっていきます。一〇〇円で売れたものが、すぐに五〇円に下がっていくのです。米島社長のダメ出しに、一緒に出荷した農家の大先輩たちは「そんなもんや」と言うだけです。これには、出荷のタイミング以外に理由がありました。市場でのデラウェアの価値基準は見た目と規格。見た目で買う消費者にも原因がありますが、もう少し収穫を待てばより甘みが増すとわかっていても、実行するわけにはいかない事情だったのです。

しかし、二人はその「酸っぱい」を克服します。木についたままとことん完熟させてから収穫しました。簡単なことのようですが、結構なリスクを伴います。デラウェアは「さあ、収穫してもいいよ」と囁くように、完熟前に綺麗なぶどう色になります。しかし、その時点では、まだ酸味が残っているのです。パンパンの粒が、少し待つと熟してやわらかくなって酸味も抜け、デラウェア本来が持つ、濃い味になります。見事なぶどう色になってから一〇日ほどあとです。ただ、完熟を待てば待つほど、実が落ちる確率が高まり、収穫後も房から実がはずれやすくなり、見た目が悪くなります。市場出荷では、房からぶどうの粒がこぼれ落ちていれば、価格が下がります。

二人は、このリスクを承知で、より完熟させたデラウェアを出荷しました。現在もこの取引は継続しています。さらに、ぶどう業界で一番人気のシャインマスカットも出荷するようになりました。

毎年ぶどうの時期になると、米島社長が畑まで受け取りに来てくれるそうです。

「社長は留守の方がいいんや」

と、照れ隠しに言う米島社長ですが、畑の様子を見てアドバイスもくれるありがたい応援団です。

若手出荷組合「駒ヶ谷ぶどう工房」誕生

販路の拡大と共に小林さんが考えはじめたのは、あとに続くぶどう農家を増やしたいということでした。

大阪府羽曳野市の農外出身者農家第一号の責任として、新規就農の若手のぶどう農家を応援する仕組み作りに取り組み始めました。

その第一歩として、「羽曳野市ぶどう就農促進協議会」の立ち上げメンバーになりました。メンバーには農の匠として大阪府知事から認定されたベテラン農家さんもいて、ぶどう農家になりたい人が農の匠の下で栽培研修ができることになりました。師匠の竹中さんもメンバーの一人です。小林さんのいる駒ケ谷地区も高齢化が進んでおり、七〇代がメインです。増やしていかなければ衰退するのは目に見えています。一人、二人、三人と小林さんに続いてぶどう農家になる若い人が誕生しました。

駒ケ谷地区は大正時代に青果組合が結成され、デラウェアの出荷体制が比較的整っています。規格さえ守れば、作れば作るだけ市場に販売できるのです。早生品種のデラウェアは、他のぶどうが出回っていない時期に出荷できるのも強みです。でも、やりにくいこともあります。既存の出荷組合は、ベテラン農家が中心で若手の意見はなかなか通りません。前例にとらわれがちで、若手がいくら前向きな意見を言っても現状は変わりませんでした。

重油価格が高騰しているのに市場出荷価格は高騰前と同じで利益が出ない、地域の量販店に出荷したい、ブランド力を高めたい、このままではデラウェアの市場価格は低迷するばかりだなど、問題点を上げてもなかなか足並みは揃いません。

「若手だけで出荷したい」

「自分たちでブランド力を高めていきたい」

という強い思いが徐々に大きな組織を動かしていきました。

府の普及職員の人に、

「このまま一〇年経ったらどうなっていくのか」

と投げかけました。

駒ヶ谷地区には、ぶどう農家がたくさんありますが、ほとんどが六〇代、七〇代。一〇年後は、さらにぶどう農家の高齢化が進みます。若いぶどう農家がもっと増える環境を整えなければ、明日はありません。そんな中、「羽曳野市ぶどう就農促進協議会」が結成されたことで若手の声が届くようになってきました。

その頃、市の支援もあって、大阪産の野菜や果物を販売しているスーパーに若手のぶどう農家だけで出荷しないかという話が舞い込みます。地元で三〇店舗を展開するスーパー「サンプラザ」です。小林さん、上田さんを始め三〇代のぶどう農家九人（二〇一七年七月現在、十一人）で「駒ヶ谷ぶどう工房」として、出荷することになりました。「青年農業者の顔が見える」をコンセプトにした販売コーナーを設置。生産者一人ひとりの顔写真や、圃場の地図、コメントなどをPOPに記載しました。その甲斐あって、サンプラザのデラウエアの売上げも例年を上回りました。一人ではできなかったことが、若手が増えてきたことで、動き始めたのです。

この出荷が契機となり、若手農家の熱意が、羽曳野市の農の普及課を動かし、ついに念願の若手農業者九名による新しい出荷組合「駒ケ谷ぶどう工房」が設立されました。小林さんに続く若手ぶどう農家が育っていなければ、成し得なかったことです。キーパーソンになったのは、小林さんとぶどう農家の後継ぎの上田さんです。そう、阪神百貨店に「僕らのぶどうはどんな形で売られているんやろ。見に行こう」と、一緒に行った上田さんです。彼は、昔からこの地でぶどう栽培をしている農家と、新しくぶどう農家になった若手の間に入り、お互いの思いをうまく繋ぐ役割を果たしました。

こうして誕生した出荷組合「駒ケ谷ぶどう工房」のメンバーは四〇代までのぶどう農家。若い農家さんたちは、自分だけがよければいいのではなく、仲間を育てることを考えています。そうすることで、小さい声が大きい声に変化し、個人個人の利益にも繋がってきました。ぶどうの専業農家で、しかも若手だけの組合というのは全国的にも珍しいことです。若手だけの組合ができたことで、自分たちで出荷価格を決めることも叶いました。細かいことですが、市場出荷の場合は、ぶどうを箱に詰めて出荷し、箱代は農家負担です。「サンプラザ」では、箱に詰めての出荷ではなく、コンテナ出荷をしているため箱代の負担がありません。これだけでも大きなことです。自分たちの出荷組合をどう発展させていくか、いろんなことが考えられる可能性が出てきました。デラウェアだけでなく、今年は、大粒のぶどうも「駒ヶ谷ぶどう工房」として出荷する予定です。出荷にかかる費用を抑えるための販売方法の工夫もできるようになりました。既存の出荷組合ではなかなか足並みが揃わなかったことも、できる可能性が広がってきました。

珍しいぶどう栽培への挑戦と新品種を作る夢

ぶどうにとって良いことはなんでもやると考え、他のぶどうの産地でやっていることを次々に試しました。草をわざと生やしてみる、肥料を極力やらない方法など。しかし、他の畑の方法を真似してもうまくいきません。技術もまだ足りませんでした。それでもチャレンジは止まらないばかりか、珍種も大好き。最初の三年間はいろんな種類のぶどうの苗木を購入しては植えました。ずいぶん経費がかかりましたが、ケチっている場合ではありません。品種が変われば育て方も変わるため、作業は増えますが、やめられない止まらない。ありとあらゆる品種を栽培し、その数は約三〇品種にもなりました。

ざっとあげてみると、デラウェア、高妻（たかつま）、安芸クィーン、藤（ふじ）

デラウェア

シャインマスカット

ブラジル

稔（みのり）、シャインマスカット、ロザリオビアンコ、マボロシ、ゴールドフィンガー、黄玉、サニールージュ、瀬戸ジャイアンツ、ブラジル、イタリア、ブラックビート、黒いバラード、シャイニーレディー、ウインディサマー、ニューナイ、ベイジャーガン、バナナ、ジャスミン、カッタクルガン、クルガンローズ、紅環、セキレイ、マスカットビオレ、ルーベルマスカット、秋鈴（しゅうれい）、旅路、ウィンク、ハニーシードレス。ぶどうの種類の多さを改めて知りました。

　現在、これらの珍種の大粒ぶどうは、ほぼ固定客で売り切れてしまいます。リピーターがリピーターを呼び、案内状を出している固定客の数はほぼ一〇〇人。珍しいぶどうは誰かにあげたくなるのが常で、一人の顧客がいくつも贈答用として買ってくれ、それがおいしいからとまた顧客が増えていくのです。顧客を年間一〇人増やすのが目標でしたが、目下のところ、それ以上に増えています。

「ぶどう農家は収穫時期だけ忙しく見えるんで、あとは遊べるねとよく言われるんです」

ニューナイ

紅環

ウインク

コトピー

と小林さん。そんなはずはなく、一年中作業を続けています。

収穫が終わる九月末からは、来年の収穫のための土作りが始まります。堆肥をまく作業やいらなくなった木を切る作業が一〇月末まで続きます。十一月からは、木の剪定作業。ハウスごとに時期が違うので、二月くらいまでかかります。ビニールハウスの張り替え作業もこの頃にします。ハウスによって違いますが、二年から四年に一度は張り替えなければならないため、数あるぶどうハウスのどれかが、張り替え時期に当たります。並行して、年明けからは、ハウスの温度管理をするために朝夕のハウスの開閉作業が欠かせなくなります。小林さんの場合は、八カ所のハウスの開閉作業を霜が降りなくなる四月中旬まで続けます。

「朝夕の開閉作業は、絶対欠かせないものなんですか」

「一日でも怠けたら枯れることもあるんです」

それだけ、適切な温度管理には欠かせない作業です。四月、五月は、実り始めたぶどうの間引きや葉の制限、デラウェアのジベレリン処理。ぶどうに種ができないようにする作業です。大粒ぶどうの果皮を虫から守るための笠掛けや雨よけのための袋掛けなどもあります。

一週間くらい休んでゆっくり旅行に行けるとすれば、ハウスの開閉作業を休める一〇月か十一月。このときは、年中ぶどうのことばかり考えている小林さんも家族サービスをするそうです。

就農から猛スピードで働き、やっと収益の目途がたったのは二〇一六年。経験不足から経費をかけすぎていたため、売上げが上がっても実際に手元に残るお金が少なく、なかなか潤いませんでした。最初の二年間に四〇万円かかった重油代を、二〇一六年は一〇万円に抑えることができました。夕方の六時から翌朝の五時までハウスのボイラーを焚いていたのを、朝の四時から六時まで焚けば大丈夫だと先輩農家から教えてもらい、大きな経費削減に繋がりました。珍種を育てようと苗木をどんどん購入したのにも経費がかかりましたが、これは未来への投資だと考えました。

嬉しいことに、二〇一六年になってやっと自分で植えたぶどうが実り始めました。

そんな矢先、農地を買う話が急浮上します。農地を借りている身にとって自分の農地を持つことは念願です。昔、農地が高額で売れた時代があったため、あわよくば的な発想は根付いており、農地を手放す農家はめったにいません。農地を売ってもいいという情報を得られたのは奇跡的なことです。そこは時々草刈りを手伝っていたおじいさんの農地で、なんとなく自分の土地になったらいいなと思い描いていた土地でした。約一四アール（約一千四〇〇平方メートル）です。心置きなく珍種を植えることのできる研究場所ができました。自分の土地ですから、ぶどうの棚の高さを作り変えることもできます。好きなようにできるというだけで、安心感が生まれてきました。

「いつか自分の土地に珍種の高級ぶどうを植えて、高級ぶどう狩りをしてみたいんです」

ぶどう食べ放題でも一房一房味が違いますから、食べ比べとか品種当てとか、いろんなイベントができそうです。小林さんの夢を聞いていると、まるでぶどうの秘密基地のようです。そして、この秘密基地は、もう一つの夢を形にする場所でもあります。

小林さんの一番の夢は新品種を作ることです。

「新品種ができたら自分で好きな名前を付けられるんです。子どもにも父ちゃんが作ったぶどうやと言えるし、俺が死んでも名前は残る」

なかなか険しい道です。たとえ新品種が誕生しても、本当においしくて魅力がなければ消えていく場合もあります。新品種の代表格は、巨峰の二倍近くの大きさの「ルビーロマン」、皮まで食べられる「シャインマスカット」。他の産地がうらやむような魅力や味を兼ね備えなければなりません。

簡単にはできません。交配して得られた種を撒き、木が育ち、開花して果実を実らせるまでに、早くても三年から四年はかかります。様々な性質を調べた上で優秀であると認められて、やっと新品種として登録されます。

個人で新品種を作っている人もいますが、普通は専門の研究所が時間をかけて開発することが多く、「シャインマスカット」の開発には延べ三〇年もの歳月がかかっているそうです。

しかし、険しい道だからこそやりがいがあり、新品種で名前を残すという決意は固いのです。

新品種作りへの第一歩はまた、小林さんの言う「ごっつうええ人」との出会いでした。友人の奥さんのかなり遠い親戚に、山梨で新品種を開発した人がいるとの情報が舞い込みます。飛びつきました。すぐに教えてもらった番号に電話をかけました。

突然かかってきた見知らぬ青年の話に、一時間も付き合ってくれた「ごっつうええ人」は、山梨の育種家・原田員男さん。

原田さんが開発した新品種は一つや二つではありません。何種類もの新品種を世に送り出している人でした。すぐにでもぶどう畑に行きたいと言う小林さんに原田さんは、

「今、畑を見に来ても何一つわからないはずですよ」

ときっぱり言いました。

シロウト扱いされたのではありません。初めての電話にも関わらず延々とぶどうの育種方法を指導してくれました。植え方から種の採り方まで教えてくれたのです。思いもかけないことに驚きながら、必死でメモをとり続けました。普通、自分で編み出した方法を簡単には教えないものですが、原田さんはメンデルの法則から始まり、専門知識を惜しげもなく教えてくれたのです。

包み隠さず指導してくれる人は一流です。私が仕事でお会いしたプロ中のプロはみんな

そうでした。「真似できるものなら、やってみな」てなもんです。

原田さんが、畑を見に来ても何もわからないと言ったのは、「理論を知らずに畑を見ても何もわからない」という理由からでした。

翌年、小林さんが原田さんを訪ねたとき、いきなり原田さんは言いました。

「一〇〇人中、実際に行動する人は何人いると思いますか」

「三、四人です」

当てずっぽうで言うと、

「正解です」

そして、こう続けました。

「今まで直接、僕のところに指導を仰ぎに来た人は三人しかいません」

小林さんは、その三人のうちの一人でした。

あとの二人は台湾から訪ねてきた人と写真家からぶどう農家に転身した人だそうです。

原田さんに会って一番驚いたのは、新品種ができる前からAのぶどうとBのぶどうを掛け合わせて作れば、大きさ、色、種のあるなし、皮ごと食べられるものかどうかまで、イメージが描かれており、名前まで考えていたことでした。個人が新品種を作る場合、どのようにして確率を上げて時間を短縮すればいいかということも教えてもらいました。同じ品種のぶどうの木でも、いいぶどうが育つ強い木と弱い木があります。五〇粒の種を撒いてもぐんぐん伸びる木はそのうちの五〇パーセントから六〇パーセント。いいDNAを見つけるために、雨風に負けない強い木を見極めなければならないことも教わりました。

原田さんには、この日以来、会っていません。次に会いに行くときは、新品種のぶどうを持って行くときと決めていました。

新品種の交配を開始したのは二〇一〇年五月の一週目。彼は栽培記録をすべて残しているので、日記をペラペラめくって私に教えてくれました。五月といえば、主力商品のデラウェアの収穫が迫っためちゃくちゃ忙しい時期です。新品種に費やす時間は、栽培の合間です。ちょっとした隙間の時間を見つけては、育種ハウスで作業を続けました。ここから新しいぶどうが生まれるかもしれないと想像するだけでわくわくが止まらない至福の時間だったそうです。一年目、二年目は失敗。三年目、四年目と毎年、交配を続けました。

そして、二〇一七年六月。小林さんのぶどう畑に行くと、真っ先に案内されたハウスがありました。

「これ、見てください、実が大きいでしょう。こっちも同じように植えたんですが、この木だけすごく大きなぶどうが実ったんです」

ひときわ大きなぶどうがひと房実っていました。四年前に植えたぶどうが今年、初めて見事に結実したのです。お父さんはシャインマスカット、お母さんはウィンク。葉はお父さん似で、実はお母さん似、両親共に、皮ごと食べられる人気のぶどうです。味は、シャインマスカット似になる予定です。粒がしっかりと付いて脱粒しにくく、棚もちがよい強いぶどうが実りました。

同じように接ぎ木をし、同じように水を遣って育てても、同じような実にはなりません。すべて少しずつ違う実が生り、葉の形も違いました。粒の大きさと形も少しずつ違いました。実は、シャインマスカットとウィンクを交配した新品種は、他のぶどう農家からも誕生しています。しかし、小林さんの畑で育ったものとは、形が違います。実ったからと言ってすぐに新品種ができた、大儲けだというわけにはいきません。数多く生まれている新品種の中を勝ち抜いて行かなければなりません。でも、一歩前進です。

「このぶどうを持って、原田さんところに行きます。名前は僕が付けようか、原田さんに付けてもらおうか悩みどころなんですよ」

悩みは悩みでも嬉しい悩みです。

「一房一万円のぶどうになるかもしれないんですよ」

「シャインマスカットは高いと一房五千円くらいするのもありますね」

ドリームプラン、目指せ一房一万円計画、確実に進行中です。

二〇一四年までデラウェアが八割を占めていたぶどう畑は、二〇一五年から大粒のぶどうにシフトし、デラウェアと大粒が半々、二〇一六年はデラウェア三割、大粒七割になりました。単価は当然大粒ぶどうの方が高くなります。デラウェアは市場出荷が主体ですが、大粒のぶどうは店への直接出荷と、顧客への直売でほぼなくなります。

小林さんにとって、ぶどうほどおもしろくてやりがいがある果実はなく、ぶどう以外の農作物はまったく作っていません。ユニークな商品も考えました。

「あこがれのＧカップ」という商品です。房から外れてしまったいろんな種類の大粒ぶどうを、透明のカップに入れて、マルシェやイベントで販売したのです。ぶどう園の名前「G-Grape farm」（ジー　グレープ　ファーム）のＧを取って、「Ｇカップ」として販売していたところ、友人が、

「Ｇカップか、憧れやな」

と言ったのがきっかけで「あこがれのＧカップ」に名前変更。女性のお客さんがちょっと恥ずかしそうに買ってくれるそうです。

小林さんのオリジナルぶどう

現在、販売先にはさほど困っていませんが、収入を増やすためには農地を増やさなければなりません。農地を増やして人を雇うのか、このまま継続していくかはこれからの課題ですが、今後も大粒ぶどうを増やして売上げを増やそうと考えています。お客さんがお客さんを紹介してくれる、この口コミをさらに広げていくのも目標の一つです。

今、もう一つ計画していることがあります。アルバイト時代にビニール張りを手伝ったように、年配のぶどう農家の手助けをすることを仕事にすることです。ぶどう農家の便利屋さんです。ビニール張りがきつくてぶどう農家をやめてしまう年配農家さんもいます。その手助けもでき、収入にも繋がれば、ぶどう農家全体の活性化にも繋がると考えています。

「今でも時々手伝いを頼まれるんですが、すごく喜ばれるんですよ。お金はもらっていないので、お礼にたくさんお肉をもらったりします」

システム化すれば、いい相乗効果が生れそうです。

デラウェア一〇〇パーセントのぶどうジュースも販売しています。香料、酸味料、砂糖など添加物ゼロです。我が家の朝食にこのぶどうジュースを加えたら、一流ホテルの朝になりました。実は原料がデラウェアだけだと甘いだけになるよと忠告されたそうです。確かにすっごく甘いんですが、ビールや炭酸で割っても合いますし、ぶどう果汁一〇〇パーセントの甘さは格別です。

買ったばかりの自分の土地にぶどうが育ち利益を生み出すのは、四年後、五年後のことになります。新規就農者はあるものを売るのではなく、作り出していかなければならないので、農家を継いだ人より早いスピードで成長しなければならないと小林さんは言いました。駒ケ谷地区では、小林さんに続いてぶどう農家になった新規就農者は四人います。

「伝説は自分で作っていく！」

という決意を口にする小林さん。シャインマスカットに負けない新品種が生まれるのもそう遠い将来ではないかもしれません。

■農業者概要
G-Grape farm
小林庸恭（一九八〇年生まれ）
大阪府羽曳野市駒ケ谷
就農／二〇一〇年
農地面積／借地一・五ヘクタール（約一万五千平方メートル）
栽培品目／ぶどう三〇品種以上
売上／約八〇〇万円

■小林さんのぶどうを購入できる主な場所
・G-Grape farm
大阪府羽曳野市駒ケ谷
http://g-grapefarm.com

●阪神百貨店　梅田本店内・青果販売店「米島」
大阪市北区梅田一―一三―一三 阪神百貨店B一
電話（代）〇六―六三四五―一二〇一

●（有）手仕事屋「ばんまい・やさいの広場」
大阪府池田市鉢塚三―一五―五A
フリーダイヤル　〇一二〇―七一―〇〇六四

●Organic Crossing（オーガニッククロッシング）
大阪府内を回る野菜果物の移動販売店
電話　〇七二―七六八―〇九七五

第5章

農業女子一〇〇人プロジェクト

片山恵美（かたやまめぐみ）さん

滋賀県東近江市

しが農業女子一〇〇人プロジェクト

今、国は農業に従事する女性を応援する施策を取っています。その中で農林水産省が進めている活動が「農業女子プロジェクト」です。スタートした

片山恵美さん

のは二〇一三年十一月。職業として農業を選択する若手女性の増加を図ることが目的です。農業政策としては珍しく、補助金はゼロ。企業も補助金ゼロで協力し、農業女子の声を拾い上げて新しい商品が誕生しています。例えば、ダイハツ工業からはピンクの軽トラが誕生しました。軽トラをピンクにするという発想は、農業女子の声が届かなければ生まれなかったはずです。シャープからは泥汚れの悩みを解消する洗濯機、ワコールからは農作業を快適にするインナーなどが開発されました。農業に志を持って取り組んでいる女性であれば、メンバーになることができ、発足当時は三七名だったのが、二年後には四〇〇人近くまで増えて、全国四七都道府県の女性たちが集っています。

農業に携わる女性が商品開発に結びついている背景には、補助金ゼロであることが理由の一つです。補助金の規制に縛られず、自由に発想し、実行できるからに違いありません。「農業プロジェクト」、「補助金ゼロ」の発想は、当時、博報堂から農水省に出向していた勝又多喜子さんがキーマンでした。地域で頑張っていても、なかなか知ってもらう機会のない女性たちの知名度は向上し、またそれぞれが繋がりを持ち、今まで会ったことがない人と知り合う機会も増えました。

就農八年目、滋賀県東近江市で五〇アール（約五千平方メートル）の畑「サンテファーム」で、五〇種類以上の作物を一人で作っている片山恵美さんもメンバーの一人です。彼女が今取り組んでいるのは、二〇一五年に結成された、滋賀県内で農業に携わる女性のネットワーク「しが農業女子一〇〇人プロジェクト」です。

片山さんを含めた設立メンバーは七名。現在は一〇名ほどですが、一〇〇人を目指して、徐々に増やしていきたいと考えています。

最初は、農産物を広めるイベントやマルシェなどで顔を合わせたメンバーが集まっておしゃべりをする女子会でした。農業とは無縁の世界から転職した人も多く、経営スタイルも様々です。米農家に嫁いでブルーベリーを栽培している人、牧場で乳牛を育てながらチーズ作りに取り組んでいる人、ＯＬ同士で意気投合して退職・新規就農し、地元産の弥平唐辛子を栽培・加工販売している二人など、成り立ちや作る作物はまったく違う七人です。

「農業講座に参加したけど、表面的なことだけでまったく役に立たない内容だった」

「畑に菌が発生してうまく育たない」

「有機肥料ならうちの牛糞があるよ」

「有機農法をしたくても、市や県に指導者がいなかったから、自分で必死に探すしかなかった」

互いの悩みを話すうちに、共感したり、アドバイスし合ったり、解決策を一緒に考えたり。お互いが助け合える存在であり、このコミュニケーションが有意義なことに気付きます。これはただの女子会にしておくのはもったいないと、プロジェクトを立ち上げたのです。プロジェクトを設立してからは、活動内容もより進化しています。

しが農業女子100人プロジェクトのメンバー

三〇代から五〇代と年齢は様々ですが、彼女たちの思いは一つ。後に続く女性就農者を増やしたいということです。そのためには自分たちのことを広く世間にアピールし、稼げる農業にしていかなければなりません。

販路を広げようとしたとき、小規模農家だから相手にされなかった苦い経験を誰もが持っていました。それが「しが農業女子一〇〇人プロジェクト」として動けば、マルシェも開催しやすく、自分たちをＰＲできる場にもなります。

県庁に呼ばれて副知事と意見交換をした際には、畑で研修をさせて欲しいと言われても時間の余裕がなくて断らざるをえない悩み、新規就農について公的機関に相談に行っても、経営を成り立たせるための型通りの説明しかしてもらえなかった経験など、実際体験した者しかわからないことを伝えることができました。声が届いただけで、すぐさま何かが動くことはありませんでしたが、このことがきっかけで、環境・農水常任委員会（県議会や市議会で構成された会）と話す機会ができ、その縁で、県の農業経営課で若手農業を応援している女性、森真理さんに出会いました。

「森さんは、なんでもすぐに動いてくれる方なんです」

と片山さん。

森さんのおかげで、二〇一七年度は滋賀県との共同事業「女性の力を活かしたアグリビジネス創出事業」に加わることができました。そこで、農産物を活かしたアグリカフェの提案をした結果、年に五回、実施されることになりました。

このアグリカフェは、運営するのも女性なら、参加者も女性限定です。「女性が気軽に農業に関して相談できる場が欲しい」と、ずっと願っていた思いが形になりました。参加費は無料、主催するのは女性農業者です。新規就農した女性の体験談を話したり、持ち寄った旬の野菜や加工品の試食、農や食をビジネスにしたい人の相談コーナーも設けました。先輩女性農業者の生の声が聴けるとあって、大好評でした。

「夏休み期間中のアグリカフェには、女子高校生も参加して真剣にメモを取ってくれて、こっちがびっくりしました」

と片山さん。すでに農家になると決意した参加者もいて、じっくり話すこともできました。

小さな農家でもチームを組めば「農業女子代表」のイメージを持ってもらえることが多くなり、可能性はどんどん広がっています。

最近では、もち回りで、滋賀県産の野菜で作る料理レシピをフリーペーパー「RuSC（ラスク）」に連載しました。農業女子は料理が得意です。グループ内部での助け合いも盛んで、宅配で販売している野菜が足りないときは、メンバーで補い合うこともあります。

メンバーはまだまだ少ないですが、大きなうねりが起こる可能性がありそうです。一人の縁がみんなに繫がり、さらに大きな縁を生み出していました。メンバーを増やすためにも新規就農を目指す女子を募集中です。

きっかけは、彼氏の何気ない言葉

片山さんの畑は滋賀県東近江市の北須田町。繖山（きぬがさやま）の麓にあります。お父さんが借りている農地の内、五〇アール（約五千平方メートル）を一人で栽培しています。隣町には、まだまだ農家はありますが、北須田町では農家は一軒だけです。

祖父母は自分たちの食べる分だけを栽培していた兼業農家でしたが、サラリーマンをしていたお父さんが、

「専業農家になる」

と、四〇代後半で脱サラして米農家として再スタートを切りました。片山さんが二〇歳の頃です。その後、カボチャや丹波黒などの栽培も開始し、お母さんも勤めを辞めて夫婦で専業農家として生計を立てていました。元々の農地は七〇アール（約七千平方メートル）ほどでしたが、近所で農家をやめた人の畑を引き継いで借り入れ、約七ヘクタール（約七万平方メートル）（減反を含む）の農地を耕していました。

その頃の片山さんはというと、手伝うどころか、

「休みの日は遊びたいもん」

と、まったく無関心。なんとなく青春を謳歌していたつもりでした。そんな片山さんを変えたのが、二六歳のとき、当時、付き合っていた彼が、

「お前、何のために生きてるんや。少しは人生のために何かしたら？」

となかなか含蓄のある言葉を投げかけます。片山さんは、その言葉をきっかけに自分の人生を考えました。父親が農業を本格的に始めた頃は、親は親、私は私という気持ちで、他人事でした。母親に、「休みの日くらい手伝って」と言われても、「嫌や」と言うだけでした。

「そういえば長いこと親孝行をしていなかったな」

今まで手伝ったことがなかった両親の畑仕事を、軽い気持ちで手伝うことにしました。とはいえ、この時点ではしょうがないから手伝ってみるか、程度の気持ちでした。季節は夏真っ盛り。農家にとっては猫の手も借りたい草刈りの季節でした。両親の背中を見ながら、這いつくばってドロドロになりながらひたすら草刈りを続けているうちに、いつの間にか無我夢中になっていました。

「なんて清々しいんだろう」

農業って汚いし嫌、臭いし嫌、オシャレもできないし嫌、日焼けもするし嫌、嫌々づくしだったはずなのに、汗をかいて自然の中にいることの気持ちよさを実感しました。

「農業って楽しい」

碓井えんどうの北野阿貴さんと同じです。二人を会わせたらどんなに会話がはずむか想像するだけでわくわくします。それ以来、時々休日に両親の畑を手伝うようになった片山さんは、だんだん農業を仕事にしたいという気持ちになってきました。家事をこなしながら農業をしているお母さんの大変さもありがたさも知りました。

「とにかく農業をやりたい」

大きく人生を方向転換することになりました。二〇一〇年三月に勤めていた会社を退社し、四月には就農しました。

人生が変わるタイミングは誰にも訪れますが、このとき押し寄せてくる大きな流れがあったのかもしれません。

お菓子工房の手ごたえと撤退

あっという間に、農業を仕事にする決意を固め、会社を辞めた片山さん。とはいえ、農業に関してはまったく知識がありません。アルバイトをしながら農作業を手伝い始めました。両親の畑で米作りのノウハウを学び、おばあちゃんに野菜作りを教わりました。おばあちゃんは昔ながらのやり方ですから、いたって感覚的。

「大根はお彼岸までに植えるんやで」

そんな調子です。技術を少しずつ習得しながら、ビジネスとしてどうするかを考えました。

「農業だけではなかなか食べていけそうにないから、米粉で得意のお菓子を作って販売してみよう」

四月から手伝い始めたばかりでしたが、お菓子の販売の準備を同時進行で始めます。お菓子工房設立に向けてまっしぐら、思い立ったら即実行です。お父さんの作業小屋の一部を改造して工房にすればさほど経費はかからないはず。米粉にする簡易な機械は、お父さんが購入してくれました。お菓子販売に必要な営業許可と菓子製造業の許可を取得して、用意万端整えました。このときの資金はわずか五〇万円。会社勤めを辞めて農業をしようと決めてから貯めた貯金です。工房を作るための材料費は友人が端材を分けてくれたので、一二、三万円で調達。電気関係は、これまた友人が手伝ってくれて、工房にかかった費用は、テーブルやレンジなどを合わせても、わずか三〇万円。五〇万円でもおつりが十分ありました。持つべきものは友です。

八月には、作業小屋を改造した四畳ほどのお菓子工房が完成し、一〇月から営業、販売を開始しました。

「いきなり六次産業から始めたんですね。農業をやると決めてまだ半年くらいの時でしょう」

「そうです。お菓子を作りながら農業をしていこうって思ったんです」

米粉で作ったクッキーとシフォンケーキを手作り市に出店するとよく売れました。趣味の延長のようなお菓子作りでしたが、スタートは好調。

「このやり方でいけるかも」

手作り市でいい感触を得たあと、近くの直売所に問合せたところ、すんなり定期的に販売できることが決定。米粉のタルトやロールケーキが好評で、売れ行きは上々でした。

「私のお菓子はウケる。いける」

と、さらに自信を深めます。

ところが、思ってもいなかった誤算が発生しました。お菓子作りに没頭すればするほど、肝心の農業が疎かにならざるを得ないのです。工房まで作ったのですからお菓子作りも簡単にはやめられません。四苦八苦しながら、しばらくはお菓子作りと農作業の両方に取り組みます。

「でも、なんか違う。お菓子を作りたいのか、農業をしたいのかどっち……」

お菓子作りのために費やす時間が増えれば増えるほど、農作業ができなくなるのでは本末転倒です。

「常に考えろ」

心の声が聞こえます。

「常に考えろ」

その頃、滋賀のＮＰＯ法人の名神ツーリズム大学代表の大谷弘人さんに出会いました。大谷さんは食品加工販売のプロでした。ここでの出会いが、農業を改めて考えるいい機会になりました。大谷さんは三重県亀山市でパッケージ会社を営んでいたことから食品メーカーとの付き合いが多く、何度も産地に出向いていました。畑に行く度に不揃いな野菜が市場に出荷されずに破棄されている実情を目の当たりにします。

「なんてもったいない、不利益なことをしているんだ」

と考え、こうした野菜を加工する会社「ロカヴォア」を設立しました。食は人の根幹、それを繋いでいくために一人でも多く自立して農業経営ができるように育てたいという思いで「ＮＰＯ法人名神ツーリズム大学」を立ち上げました。大学と言っても、農業大学校のような毎日通うシステムではなく、育てたいと思った新規就農者をマンツーマンで育てていくという、家庭教師のようなやり方です。授業料はタダ。ボランティアです。ＮＰＯ法人を設立したばかりの大谷さんは、農業を始めたばかりの若者を探していました。

当時、片山さんは自分が育てたカボチャをパウダーにしたいと考えていました。滋賀県近江八幡市に本社を持つ和洋菓子の「たねや」の人に大谷さんを紹介されました。これが、片山さんと大谷さんとの出会いです。片山さんは、週に一度くらいの割合で、農業の合間を縫って大谷さんの下で指導を受け始めました。

最初に取り組んだのは、大豆の種まきから味噌作りまでを体験するイベントの開催です。講師はもちろん片山さん。まだ味噌作りを始めたばかりだった片山さんをリーダーにし、企画から集客、開催に至るまでを体験させるというものでした。大谷さんのやり方は、失敗も含めて経験させることでした。もちろん、周りの農家の先輩の手ほどきも受けながらですが、この体験会を企画し、開催した経験はのちに大きな財産になりました。次の学びは、農作物の販売。

「野菜を作るだけが農家ではない」

大谷さんの指導で大阪へ出張販売に行きました。とにかく、実践あるのみ。続いて、マルシェでの販売も体験します。値段、手数料、経費、お客さんとの会話、モノを売るということを実践で学びました。

片山さんの前に大谷さんから学んでいた男性はすぐにやめてしまったとのこと。かなりのスパルタでした。

「自分が作りたいものだけを作るな。求められるものを作らないといけない」

と、紹介されたのが中華料理店。

「もちトウモロコシが欲しいと言っているから作ってみろ」

作った経験も食べたこともない品種でしたが、栽培しました。もちトウモロコシというのは、その名の通り、もちもちした食感がある昔ながらのトウモロコシで、生産者があまりいない品種です。

「やりもしないでできないと言うな」

一人農業でどうすれば食べて行けるかをあれこれ考えていた片山さんが、大谷さんから学ぶことで農業に対する考えが明確になってきたのです。今も大谷さんは、片山さんをずっと見守り、よき相談相手になってくれています。

大谷さんは、地域に根をはってきちんと作物が作れ、販売もできる農業者を育てようとしたのです。ＮＰＯ法人名神ツーリズム大学は解散しましたが、現在も都会と農村の交流や地域活性化を目指して、食のネットワーク作りに奔走しています。

片山さんもここで体験した昔ながらの味噌作りがきっかけで、味噌作りイベントを独自に続けています。味噌作り用の大豆『みずくぐり』は、滋賀県在来品種で、大谷さんの下で学んでいるときに出会った滋賀県の湖東地域、豊郷(とよさと)町の八〇歳のおばあちゃんに教えてもらいました。今でこそ生産者が減っているものの、昔は味噌といえば『みずくぐり』を使うのが主流だったそうです。片山さんの味噌は、「しが農業女子一〇〇人プロジェクト」のメンバーがスタッフとして入っている「百菜劇場」で商品として販売中で、今や我が家の食卓には欠かせない味噌になりました。

大谷さんと出会って、自分が本当にやりたいことは野菜や米を使ってお菓子を作ることではなく、プロの農業者になることだと気付き、自分が作った野菜でプロのパティシエにおいしいスイーツを作ってもらう方が、より付加価値が付くという考えに変わっていきました。

お菓子はいずれ委託生産にしようと決めて、お菓子作りに費やす時間を減らしていきました。野菜の栽培に専念すると同時に、販売や人脈を広げるために行動し始めました。長い目で見て、農業に役立つことをしようと考えたのです。味噌作りを始め、様々な体験会をすることで野菜を買ってくれるお客さんとの関係も深まり、参加者は、片山さんの野菜のファンになってくれました。

料理開拓人として、その土地の野菜や食材を使い、各地でイベントをしている堀田裕介さんと共同で冬には「里山で猪を美味しく食そう！」という体験会を共同開催しました。増え続けている野生動物による農作物への被害はあとを絶ちません。猪は生きるために農作物を食べていますが、かといってどうぞお食べくださいというわけにもいきません。農作物を守るためには殺生もしなくてはなりません。猪の肉を食べたい人と猟師、解体する人、料理する人、農家が顔を合わせることで、少しでも解決していける方法を探ろうという企画です。

この企画は思いのほか参加者も多かったそうです。利益に直接結びつかなくても、人と人とが繋がっていく活動は後々大きな結果をもたらすことがあります。そこから新しいモノが生まれる可能性も出てきます。

食べていける農家への道

片山さんが栽培している野菜は五〇品種以上。トマトのように安定した収穫が見込めそうなものに絞るより、多品目の野菜を栽培してお客さんに提案する方が性に合っていました。楽しんでこそ続けられるのが農業ですから、自分のスタイルが一番。努力のし甲斐があるというものです。何といっても経営も現場仕事も自分自身です。小さな王国作りのために好きな方向へ突き進めばいいはずです。

夏から秋はカボチャにサツマイモ、冬から春にかけてはキャベツを生産しています。業務用として栽培しているキャベツは、固めでしっかり葉が巻いている寒玉系キャベツの晩生品種『冬のぼり』と『ゆめごろも』。糖度一〇度以上の甘さになるキャベツがあると聞けば種を探して栽培開始。これは『フルーツキャベツ』という品種。初夏は玉ねぎ、真夏にはトウモロコシにスイカと野菜への興味と挑戦は尽きません。気になる野菜があればすぐに試すのが楽しくて、夏にはオレンジ色のスイカも収穫しました。今、一番力を入れているのがカボチャで、約一五品種を栽培しています。

「こんなにカボチャの種類を増やしたのには理由があるんですか？」

「かわいいから」

「それが理由？　見かけで？」

うふふ。こういう決め方はなかなか男性にはできないかもしれません。もちろん、農地は山土のため水はけもよく、カボチャの栽培に適していることも大きな要素です。鮮やかなレモンイエローの『コリンキー』は、畑で完熟させて収穫する通常のカボチャと異なり、完熟させず、未熟果の若採りをするため、収穫するタイミングが大切。大きさを見ながら収穫します。そのまま生で食べても、ソテーにしてもおいしいカボチャです。すこぶる甘いと話題のかぼちゃは『くりりん』、手のひらサイズの『ほっこり姫』、カボチャの王様と言われている『味皇（あじおう）』、『赤皮栗かぼちゃ』、名前からして可愛い『恋するマロン』、ひょうたんのような形の生で食べてもおいしい『バターナッツ』、真っ白なカボチャ『ホワイトハロウィン』、姿形も食べ方も違う個性的なカボチャばかりです。あまりにもかわいいので、ハロウィンのときには片山さん家のカボチャを玄関に飾りました。

「かわいい」からと選んだカボチャですが、もちろん収益性も考えています。二〇一六年に「持続可能な経営ができる、かぼちゃの品種と比較試験　〜私の女子的なかぼちゃ経営〜」と題した発表で、全国青年農業者会議で農林水産省経営局長賞を受賞したのです。他にもエントリーした女性はいましたが、このとき全国大会に出場できた女性は片山さん一人でした。

全国青年農業者会議は、全国から約四〇〇人の若手農業者が集い、研究成果や自分が持っている農業への思いを発表する農業青年クラブ（４Ｈクラブ）の全国大会です。４Ｈクラブは、日本全国に約八五〇クラブあり、約一万三千人のクラブ員がいます。二〇代から三〇代前半の若い農業者が中心で、地域ごとに独自に活動をし、運営方法も地域でまちまちです。大会には、４Ｈクラブのメンバーであれば、誰でも参加できますが、全国大会で発表するまでには、まず、片山さんが所属している東近江の４Ｈクラブの代表に選ばれなければなりません。このときは、五名が名乗りを上げました。ここを勝ち上がり、滋賀県の各地域から選ばれた代表者で行う県大会を経て、近畿大会では、八名から一〇名の代表が選ばれます。片山さんは、近畿大会のプロジェクト発表部門・園芸・特産作物部門で一位になり、全国大会への出場権を獲得したのです。全国大会では、同じ部門で地区大会を勝ち抜いた一〇名の中から見事に局長賞を受賞。賞を取ったことで、知名度が上がり、人との繋がりが広がりました。自分自身の経営の内容を見つめ直すいい機会になったと言います。

片山さんはこの発表を即実践に繋げました。カボチャの四品種の栽培時間、収量、経費、収益性をデータ化し、作業効率がよかったカボチャの栽培面積を増やしたのです。カボチャの中ではバターナッツが一番作業効率や収益性がよいという結果になりました。

「今頃になって高校時代に勉強していた簿記や会計のことが生きてきました」

商業高校で勉強した甲斐があるというものです。

カボチャだけでなく、他の野菜も作業効率、収益性をデータ化し、経営や栽培に役立てています。農業を始めた頃に比べて、経費率は下がり、二〇一五年から開始した少量多品目栽培も、やっと安定した年間の栽培体系が見えてきました。

最近、五〇アール（約五千平方メートル）の畑をさらに増やして栽培をしてみたそうですが、一人で栽培するには、五〇アール（約五千平方メートル）が作業の限界だったそうです。やってみて初めてわかりました。栽培面積を増やすのではなく、収益性の上がる野菜にしようとさらに追求しています。

今後の目標は個人ブランドの強化です。その一つとして、ハーブの栽培に取り組み始めました。ヨモギでお灸を作っている会社にハーブティー用の品目を依頼されたのがきっかけです。将来的に軽量なものにシフトしたいということもあり、作付けと並行して商品開発に取り組んでいます。ハーブの加工は、かつてお世話になった大谷さんが経営する食品加工会社が担ってくれます。これまでの人脈が今も生きています。

「サンテファーム」の野菜の主な販売先は農家が値段を決めて販売できる農産物の直売所です。自分で値段設定をするため、安値を付けがちですが、付加価値を付ける努力もしています。自分の野菜を手に取ってもらうために力を入れているのは、手描きの目立つＰＯＰ作りです。

「大きいキャベツは使いきれない、冷蔵庫の場所をとる……という方にオススメ！　使いきりサイズのキャベツ」

なんて書いてあったら思わず手に取りますよね。ＰＯＰのあるなしでは、売れ行きが俄然違ってきます。ずらりと並んだ野菜の中で自分の野菜を手に取って買ってもらうためにはなくてはならない武器です。ＰＯＰを付けても売れ行きが芳しくないときは、すぐさま書き直します。

「書き直したら売上げは変わりますか」

「はい。はっきり影響します」

手作りpop

POPを家に忘れてきたときは、時間がなくても取りに帰ります。特にカボチャは珍しいものが多いので、料理レシピも添えて、好評です。

「やめたくなったりしたことはないですか」

「好きでやり始めた農業なので、やめたいと思ったことは一度もありません」

きっぱり言い切りました。収入はまだまだ理想には届きませんが、稼げないからやめるという選択はありません。少しずつでも売上げが増え、経費が減っているのは、「稼げてこそ農業」という気持ちで努力しているからです。稼げる農業にしなければ、誰も後ろに続いてこないから。

片山さんが始めた当時は新規就農者への給付金がありませんでした。

「もらわない方がいい。頼ってしまうから」

と片山さんは言い切りました。

「だって、ほんとにお金がなくなったら、真剣に次にどうしようと考えるでしょ」

その通り。基盤を作らなければならない最初の三、四年に給付金に頼ってしまえば、基盤作りもこれくらいでいいかと考えがちで、時間だけがどんどん過ぎていきます。給付金分を稼ぐのにどれだけの農作物を作って販売しなければいけないのか、もらっているときにはなかなか実感できません。新規就農者にはありがたい給付金ではありますが、ずっと続くわけではないことをしっかり意識し、ないものとして計画を立てるべきです。

二〇一六年、一〇月。秋の気配が漂い始めた畑を訪ねると、ちょうどサツマイモの収穫中でした。緑の畑に真っ赤なウインドブレーカーが見えます。収穫したサツマイモの土を払いながら、大事そうに並べている姿を見ているだけでこっちも楽しくなってきました。だって、おままごとを楽しんでいる少女のような笑顔なんです。やっている内容は農業のプロの仕事なんですけどね。

畑仕事は毎日なので、土日だからといってサラリーマンの彼とどこかへ出かけることはできません。デートはいつも畑ですって。胸キュンしちゃいました。

「畑だと長時間一緒にいられるから、ずっと話ができて楽しいです」

とまた笑顔。

畑デートは畑仕事を手伝ってもらえる利点があることもお忘れなく。農業女子は、なかなかシビアです。夏に会ったときに、早く結婚した方がいいといらぬおせっかいを焼いたのですが、その一ヵ月後になんと入籍の知らせ。決定打となったのは、彼のお母さんが、片山さんが結婚後もずっと農業を続けたいという思いを理解し、賛同してくれたからです。

そして、二〇一七年五月。

「明後日なら雨なので、農作業ができないから会えます」

「じゃあ、明後日に」

畑でなく喫茶店で待ち合わせしました。

「しゃがんでする藁敷きとかの作業はきついんですよ」

そりゃあそうですね。おめでたいことに、赤ちゃんが宿っていました。

これから出産、子育て、そして農作業をしていかなければなりません。いっとき、畑を休ませることになるかもしれませんが、片山さんはニコニコしています。農業は一生の仕事、やめる気は毛頭ありません。夏には、秋冬野菜の作付けをしたと聞きました。

「だって、出産後、復帰したときに収入がないと困るから」

たくましいお母さんになりそうです。

■農業者概要

サンテファーム
片山恵美（一九八三年生まれ）
滋賀県東近江市
就農／二〇一〇年四月
農地面積／五〇アール（約五千平方メートル）
主な栽培品目／カボチャ一五品目を含む約五〇品種。
売上／二二〇万円

■サンテファームの野菜を購入できる場所

- ファーマーズマーケット　きてかーな

滋賀県近江八幡市多賀町八七二
電話〇七四八－三二－〇一一一

■米麹味噌を購入できる場所

- 百菜劇場オンラインショップ

http://shop.100seeds.net/
滋賀県近江八幡市北之庄町四〇一

第6章

世界に広がれ、大阪発の糠漬けキット

草竹茂樹(くさたけしげき)さん　大阪府阪南市

新しい販路は本屋さん。糠漬けキットを発売

大阪泉州地方の名産、泉州水なすは、その名の通り水分が豊富で、採れたてを手でギュっと絞ると、水がしたたり落ちるほど。皮が薄く肉厚な実は、そのまま生や糠漬けで食べられています。阪南市の泉州水なす農家「草竹農園」の代表、草竹茂樹さんは、自身が栽培した泉州水なすを販売するだけでなく、泉州水なすを糠の浅漬けに加工して、京都の一流料亭などに納めています。さらに、糠漬けが自宅で簡単にできる糠漬けキットを考案し、

書店で販売するという新しい販路を開拓しました。

草竹さんが精力的に売り出しているのが、乾燥した状態の糠に水を加えて野菜を漬けるという画期的な糠漬けキットです。かき混ぜ不用なので、手も汚れません。乾燥している糠だからこそ、海外に輸出することもできます。この『NUKAMARUCHE®［ヌカマルシェ］』の販路拡大に飛び回っている草竹さん。

高校を卒業後は、一度は家を出て別の職に就きましたが、二八歳のときに実家に戻り農業の道に進むことになりました。

実家は、泉州水なす農家でしたが、新たに農地を借りて青ネギの栽培を始めます。ネギのために借りた農地は一・三ヘクタール（約一万三千平方メートル）約三千三〇〇坪。とにかく広い。彼はこの広大なネギ畑をたった一人で耕し続けます。

ネギは収入に繋がりましたが、一人で一・三ヘクタール（約一万三千平方メートル）を耕すのはあきらかにキャパオーバーでした。収益を増やすために耕作面積を広げるには人を雇うしかありません。しかし、大阪の人件費を考えると無茶なこと。

それなら付加価値のあるネギをと、苦みのないネギを栽培したのですが、取引先はクオリティの高いネギを求めてはいませんでした。特に青ネギは味より見かけです。農家あるあるですね。何度も同じエピソードに遭遇しました。

同じ畑で同じ野菜を栽培し続けると連作障害が発生します。ネギの連作障害を防いで安定した栽培を続けるためには、畑を休ませる必要があります。そのため、休ませる畑と耕す畑が必要になり、耕作面積を増やさなくてはなりません。行き詰まりました。

ネギはいくら作っても、ワクワクもドキドキもありません。泉州水なす栽培にはワクワクもドキドキもあったのです。泉州特産の水なすは、他の地域の水なすとは一線を画し、全国的にも高く評価されていました。草竹農園の「泉州水なす浅漬け」は、口の中になす本来の甘みが広がり、炊きたてご飯で食べたらたまりません。農園の横で直接販売をしていたので、リピートするお客さんから、はっきりと反応がわかりました。しかし、ネギは個人に販売するのではなく、業者への販売です。おいしいという声は聞こえてきません。食べるお客さんの顔も見えません。ネギに力を注いで販売拡大することはあきらめました。

泉州水なすならやりがいがある、泉州水なすで儲けるんだ。そう考えて、ハウス栽培が終わってからも収穫できるように、露地栽培の面積を二〇アール（約二千平方メートル）に増やしました。両親が水なす栽培を始めたのは三〇年ほど前のこと。その数年後には泉州水なすの浅漬けの加工を始めました。泉州水なす農家が泉州水なすの浅漬けを自分たちで作って販売し始めたのはこの頃からで、今では大阪の泉州地域の水なす農家のほとんどが、独自の糠床で浅漬けを販売しています。

水なすの浅漬けも増産していきました。

夜が明ける前から収穫し、ハウスの傍の作業場に運ばれます。浅漬けが好みなら二日後、しっかり漬かったものなら五日後が食べ頃です。顧客を増やすために、いろんなところに顔を出し、ＰＲに務めました。ハウスの傍の小さな作業場で、両親だけでやっていた頃は宣伝もせず、一度買ってくれたお客さんにハガキを出す程度で口コミだけの販売でした。今では、顧客は二千人に増え、「泉州水なすの浅漬け」は、大阪府阪南市のふるさと納税の品物にも選ばれました。

オリジナル加工品への道

また、「泉州水なすの浅漬け」は、その価値が認められ、阪南市の工芸品や食品加工業者を認証する「阪南市ブランド十四匠」にも選ばれました。

草竹さんは、さらなる商売の拡大を目指して、もっと加工品を増やしたいと考えるようになりました。考え続けるうちに知人の何気ない言葉が引っかかりました。

「お前とこの水なすの漬物うまいけど、自分で漬けたい人も多いやろ、糠だけ分けてくれへんか」

「糠だけでも分けて欲しいという人がいるということは、うちの水なすの漬物を誰でもが作れたらいいのか……生の水なすと糠床をセットにしたキットを作ればええんや」

しかし、漬物の命は糠床。生糠は水分を含んでいるため発酵しやすく、日が経つにつれて酸味が発生します。キムチが日が経つほど酸っぱくなるのと同じです。糠特有の臭いが苦手な人もいます。毎日糠床をかき混ぜないといけないし、手が汚れます。栄養分たっぷりの糠に、ときには虫が湧くこともあります。水抜きも必要です。自分で糠漬けを作りたいと思っても、その手間を考えると尻込みする人は多いのです。

「たしかに簡単に糠漬けが作れるキットを作れば喜んでもらえるに違いない……」

草竹さんは考えました。生糠を使う限り、簡単便利とはいきません。しかし、長年愛されてきた生糠の配合をそのままに、乾燥した状態にできれば克服できるはず。

まず考えたのは、乾燥した糠の状態で販売することでした。

草竹農園独自のブレンドで、乾いた状態の糠を販売しました。水分が含まれないのなら発酵も進まないと思ったのです。ブレンドした糠をアイスクリームの容器に入れた試作品を作りました。買ってもらうターゲットは女性だと、モニターの女性を二〇〇人集めてサンプリングをしました。季節は夏。容器の蓋を開けたとたん虫が飛び出し、羽ばたきました。

「きゃあ〜！」

と悲鳴が響き渡り、会場はパニック状態になりました。

「笑うやろ。開けたら虫や」

「びっくり箱やないねんから」

笑っている場合ではありません。虫が湧かないようにするために大学の研究所に出向き、アドバイスを受けながら改良を続けました。糠を煎ることで雑菌を死滅させればいいのですが、油成分が抜けてしまい、糠漬けの命ともいえる植物性乳酸菌が死んでしまいます。専門家のところに足を運び、何度も問題点を改良し、試行錯誤の上、産業用装置を活用して加熱や薬品処理なしで糠の中の虫や卵を駆除する独自技術（特許申請中）の開発に成功しました。この間、サンプリングした回数は七回、集まってもらった女性の数はのべ五〇〇人にも及びました。

真空パックされた乾燥糠を開封して水を入れ、外からもむだけで糠床の準備が完了。そこに好きな素材を入れて、冷蔵庫で数日置くだけでおいしい糠漬けが出来上がります。かき混ぜる必要はありません。四ヵ月から五ヵ月は、繰り返し使用できます。加熱処理をしていないので乳酸菌が生きています。

阪南市や商工会などと連携し、国の六次産業化ネットワーク活動交付金の交付を受けて開発しました。大阪府が主催する「六次産業化ビジネススクール」に通い、紹介された六次産業プランナーにも相談しました。力になってくれたのは、プランナーの木村隆志さんです。決して一人の力ではありませんでした。こうして、家で簡単に泉州水なすの糠漬けができる『TSUKERU・TABERU®』（特許申請）』が完成しました。

この時点で、『つけるトン®』と名付けたクリアケースに入れた真空パック状態の乾燥糠を商標登録をしました。「簡単×手軽=安全×本物の味」を求めた結果、手作りの楽しさが加わった、まったく新しい形になりました。

この商品をバイヤーに認めてもらうために二〇一六年の春「第五五回大阪インターナショナル・ギフト・ショー春」に出展しました。ギフト・ショーにエントリーするのは大手企業が多く、農家でエントリーしていたのは草竹さんだけでした。今まで農家が挑んだことがない大きな商談会でした。事前に行われた説明会では、場違いのところに来たような感覚になりました。しかし、やるからには全力を尽くしたいと、会場のブースの飾り付けにも工夫を凝らしました。ターゲットは働く女性です。

「女性に受ける展示にして欲しい」

とデザイナーに頼みました。

床は農家をイメージした芝生、壁はピンクにし、ボードには『TSUKERU・TABERU®』の使用方法が一目でわかるイラストを描き、他の展示とは一線を画した目を引くブースに仕上がりました。、その結果、大行列となり、一千八〇〇人と名刺交換をしました。多くの人からユニークな商品だと注目され、東京の大手企業からも引き合いがありました。そして、見事「第五五回大阪インターナショナル・ギフト・ショー春」の新製品部門で大賞を受賞したのです。長い歴史の中で農家がエントリーした商品が入賞したのは初めてという快挙でした。

そんな中で、草竹さんの思いに強く共感してくれる人が出現します。コンサルティング

事業を手掛けている「キビィズ」の大江康一郎社長でした。大江さんの、日本のいいものを紹介したいという熱い思いに触れ、

「この人となら一緒にやっていける」

そう、決意します。

劣化の早い泉州水なすを付けると販路の幅が狭くなるという声が多く上がっており、泉州水なすを外して販売した方が売りやすいと感じていました。すでに、商標登録していた真空パックされた乾燥糠だけの商品『つけるトン®』で話を進めようとしましたが、提案されたのは商品の再検討でした。

NUKAMARUCHÉ®［ヌカマルシェ］

「キビィズ」と共にパッケージングやネーミングを再検討し、議論を重ねた結果、共同開発という形で、「キビィズ」が立ち上げたプライベートブランド「KIBI'S LIFE」の第一号商品としてデビューすることになりました。名前は簡単ぬか漬けキット『NUKAMARUCHÉ®［ヌカマルシェ］』に変更。料亭の暖簾をイメージした藍色の箱の中に、アイスクリーム用の紙パックを流用した糠床の容器が入っているオシャレなものに変わりました。

野菜なら何でも糠漬けにすることが可能になり、キュウ

り、白菜はもちろん、トマト、山芋、アスパラガス、新生姜も糠漬けにすればひと味違うのです。もちろん、糠床はかき混ぜ不用。野菜を出し入れするだけで十分混ざり、水分を捨てれば、何度でも使用できます。

今どきのことですから、販売はネットショップだろうと思いこんでいたのですが、売られているのは書店でした。料理や健康に関する本の横で販売すれば売れると考えたのです。料理や健康に関心が高い人は手作りにも興味があるはずと考えた戦略です。書籍、雑誌の出版取次をしている日販に営業し、全国百カ所以上の書店に置いてもらっています。すべて買い取りという契約なので返品もありません。加えて、雑貨店、百貨店、インテリアショップにも置かれるようになり、現在、約三〇〇店舗になりました。まだまだ増えそうです。リピーターも出てきました。置いてもらっているだけでなく、店頭販売会を開催しながらファンを増やしています。ネット販売しないのは、キットを置いてくれている店の営業成績を上げてもらいたいからです。キットのよさを理解し、五個だけ置いてみたいというような雑貨店にも置かれています。九州の奄美からゴーヤの糠漬けをしてみたいからうちにも置きたいという発注もありました。

「一人で営業していたら二、三〇店舗くらいにしか置いてもらえてないかも」

と草竹さん。

「キビィズ」と一緒に営業することで、プレスリリースや商談もスムーズにいき、農家だけではできないことが可能になりました。「キビィズ」とは常に連絡を取り合い、今後の展開の意見交換をし、草竹さんも販売先に足を運び、積極的にPRをしています。販売からわずか一年足らずですが、この間に猛スピードで広がっていました。二〇一七年三月には、内閣府等が後援する「ふるさと名品・オブ・ザ・イヤー」の〝また行きたくなる「おもてなし」部門賞〟を受賞しました。エントリーされた五〇〇社中、受賞二社に残ったのです。

草竹さんは、照れながらもこんな話をしてくれました。

「妻が亡くなって糠床が維持できなくなって、もうおいしい糠漬けが食べられへんと嘆いていたおじいさんが、ほんまにおいしい糠漬けができたと喜んでくれたんや」

書店内

雑貨店内

嬉しそうな草竹さん。最初は健康志向を狙い、働いている二〇代から四〇代の女性がターゲットだったのですが、年配の女性からも好評という嬉しい誤算もありました。

海外戦略として、台湾へも商談に出向きました。実は、完成する前にも一度、台湾屈指のスーパーに泉州代表として商談に出向いていていました。日本製品を数多く扱っていることから、水なすを調味液に漬け込む方法を社長に提案しましたが、

「日本の誇りがない」

と一喝されました。

調味料液につけた水なすは、昔からの日本の知恵が生きる発酵食品である漬物ではないと指摘されたのです。糠漬けのよさを知る社長だからこその言葉でした。今回、再び社長に会うと、その場でいろんな人に繋いでくれました。

商品として認めてもらえたのです。出会いの大切さ、繋がることとの大切さを改めて痛感させられる出来事でした。台湾に糠漬けが広まる日ももうすぐです。

あまりに商談や販路の拡大に忙しそうなので、私の中に一抹の不安が出てきました。畑には出ているのでしょうか。そんな時間があるのかしらと。すいません。いらぬ心配でした。私が草竹さんに初めて会った日も朝の四時から八時まで、水なすの収穫をしていたそうです。畑には出ていますが、寝る暇がないようです。ちゃんと寝てくださいね。

草竹さんは照れてなかなか言ってはくれませんでしたが、両親が大切に育ててきた水な

すをもっと広い世界で認めさせたいという気持ちがありました。

「親父やお袋がおいしい水なすを作って、糠漬けを作ってなかったら、今に繋がっていないしな」

農業一筋のお父さんからは、まだ理解を得られていないそうですが、本音ではきっと理解し、応援してくれているはずです。

■農業者概要

株式会社草竹農園
草竹茂樹さん（一九七四年生まれ）
大阪府阪南市
就農／二〇〇一年
農地面積／露地一・八ヘクタール（約一万八千平方メートル）
ハウス四〇アール（約四千平方メートル）
主な栽培品目／水なす、ネギ、軟弱野菜全般
商品／『NUKAMARCHÉ®［ヌカマルシェ］』

■『NUKAMARCHÉ®［ヌカマルシェ］』を購入できる場所

http://www.nukamarche.com/にリスト掲載

第7章 発想の転換、一〇種のサラダミックスがヒット

中島光博（なかしまみつひろ）さん
大阪府和泉市

異世界、農業で起業！　飛び込んだ世界の甘い罠

中島光博さんが主に作っているのは欧米の珍しい野菜。個性の強い西洋野菜は、力強い味がし、近郊のレストランを中心に人気を集めています。その理由は、種の力にあります。海外の種は日本ほどこまめに品種改良されていないので、野菜本来の味が残っているんです。その代わり、日本の種は三日で芽が出ると提示されていたら本当に三日で芽が出るんですが、西洋の種はそういきません」

ニーズがないと売れないのが世の常。日本の種苗会社はせっせとお客様のニーズに合わせて青臭さや苦みを取り除く品種改良をしているため、香りがあまりきつくなく、柔らかいクセのない野菜が増えています。海外から取り寄せる種はそこまでしていません。悪く言えばおおざっぱ。それ故に、今、日本でも復活の兆しを見せている、昔からその地域で育てられていた在来種のように、野菜らしい野菜が育ちます。昭和三〇年代生まれの私が常日頃から「昔はもっと味が濃い野菜が多かったなあ」と感じるのはそのせいに違いありません。

農業とは無縁の生活を送っていた中島さんに転機が訪れたのは二九歳のときでした。岡山で米作りをしていた友人が出資を受け、都市型の農業を始めることになり、中島さんを誘ったのです。

「一緒に農業をやらないか？　水耕栽培はこれから伸びるらしいで」

ハウス栽培の土地はハウスメーカーが斡旋してくれる段取りもできていました。友人に誘われたからといって、簡単に決意できるものではないはずですが、ちょうど、転職を考えていたタイミングでした。農業は、今まで考えたこともなかった異世界でしたが、起業への漠然とした憧れが湧いてきました。

「農業をやってみる」

と即答したその日から中島さんは農家になりました。

IT企業のサラリーマンをしていた中島さん、職場を変えるのは、これが最後のチャンスかなと感じていました。

三〇歳は目前。都市でしかできない農業のやり方もあるのではないか、それに水耕栽培はこれから伸びそうだし、もしかしたら一旗揚げられるかもしれないという野心が湧いてきました。明確に「農業をやりたい」という思いはなかったのですが、「食べるものを作るのだから、最悪でも自給できるかもしれない」と思っていました。こうしてチャンスにのった形で友人と一緒に会社を立ち上げることになりました。しかも最初から農場長としてのスタートです。経験もないのにかなり無鉄砲でした。誘ってくれたのは信頼できる友人、出資してくれる人はいる、すぐにハウスを借りられると、好条件が揃っていましたが、と ころがどっこい、そううまく事は運びません。「うますぎる話には裏がある」って、私のおばあちゃんが言うてました。実際、これが苦難の始まりでした。

ハウスメーカーはかなり良い数字の試算表を提示しました。儲かりそうでした。「これならやっていける、社員も雇える」と、意気揚々と、スタートを切りましたが、あくまで試算表です。しかもメーカーが提示する試算表ですからいいことばかり書かれていました。その通りにいくはずがありません。当時、そのハウスメーカーは新規に大阪で水耕栽培の事業を拡大していく計画中でした。すでにハウスは建設済み、野菜は作っただけそのハウスメーカーが購入してくれるという出来過ぎた話。最初から販売先があるという生産者にとってはまたとない話ですが、そうは問屋が卸しません。これがとんでもなかったのです。四月にスタートしたハウス栽培で最初に作ったのは春レタス。二、三ヵ月はすくすくと育ってくれました。露地ものの春レタスの旬は四月から五月です。ハウスメーカーからもらった試算表通りに出荷でき、順調なスタートを切りました。

季節はめぐり夏が来ました。夏は暑い、当たり前。レタスの生育には過酷な状況が待ち受けていました。ハウス栽培といっても温度管理は自然任せ。夏の暑さは直接野菜の成長に影響するアナログのハウス栽培です。雨露がしのげても露地栽培とほとんど同じ環境です。当然、真夏には収穫が落ち込みました。落ち込むどころか、真夏のレタスはペラペラの葉っぱにしか成長せず出荷できる代物ではありませんでした。

なんとメーカーの試算表には春夏秋冬の季節がめぐるという計算が入っていませんでした。暑さに比例して収穫も激減していきます。ハウス栽培を無農薬でやろうとこだわった結果、さらに追い打ちをかけるように虫が大発生、病気も発生して、ハウスがほぼ全滅という危機にも直面しました。判断ミスです。兎にも角にも技術不足、知識不足でした。ハウスメーカーの試算通りに行くわけがないというのは、当初から思ってはいたものの、まさかここまでひどいことになるとは。ええことは何もありませんでした。考えが甘過ぎました。最悪です。

レタスからネギへ、そして挫折

「試算表は嘘っぱち」でした。信じた方が甘かったのです。数ヵ月でメーカーの試算表に見切りをつけ、自力で販路を広げる決意をしますが、ハウスメーカーに買ってもらえるからと始めた農業です。どこに売ればいいのか、何を育てればいいのか思いあぐねます。そんなときに人の噂で聞こえてきた甘いささやきがありました。

「青ネギは水耕栽培には向いててええぞ」

「そうだ、レタスは栽培面積がいるけど青ネギは縦に伸びるから栽培面積も少なく、効率がいいはず」

なるほど。実際、その通りなのですが、ここにも中島さんを待ち受けるハードルがあったのです。至極当然の「値段」というハードルです。噂通り確かにネギは水耕栽培に向いており、縦に生長するのでレタスに比べ生産効率もよく、栽培にはかなり苦労はしましたが、いいネギが育ちました。味も満足のいくものでした。「ネギはええぞ」の甘いささやきは本当でした。ただし、売れさえすればの話です。

「これは、いい値段で売れるはず」

サラリーマン時代に土日に市場の仕入れのアルバイトをしていた経験を生かし、顔見知りの仲買人や担当者にネギの営業に行くことにしました。

「えっ？　サラリーマン時代、土日も働いていたんですか？」

「休むのがあまり好きじゃなくて。暇なのが嫌いなんですよ」

そういえば、農作業がひと段落ついてものんびり座っている姿を見たことがありません。たまたま市場でアルバイトをしていたというのは、偶然にしては出来過ぎですが、経験がいい具合に活かされているのだと感心しました。しかもバイト時代に顔見知りになっていた担当者はうまい具合に青ネギと大根専門の仲買人。しかし、そこで衝撃の一言を浴びせかけられます。

「味は値段に関係ない」

ネギは飲食店での需要が多く、扱いやすさや見た目のよさが求められます。名立たるブランド野菜や果物は農協がサイズや見た目、糖度などを厳しくチェックしてから出荷するため付加価値が付き、高値で売買できます。他の野菜も同様に、味があっての見た目だと思うのですが、そうじゃないんです。同様の話を何度も農家さんから聞かされました。

「味は同じだけど、この人参は二股にわかれてしまったから値打ちがなくて。ただより安いくらいの値段になってしまった」

「ぶどうは、房で売らないと買ってくれないからねえ。落ちてしまった粒は値打ちがなくなるんですよ」

「おいしくても規格外のみかんは値が下がります」

というように。

レタスの失敗から学んだことを生かして育てたネギは味もよく、良質だったのですが、他の人のネギと相場は同じ。ひと山いくらの扱い。

「味には自信があるので食べてください」

「味は個人的にはおいしいと思う」

あくまで個人的には、であって値段には反映されません。大事なのは見た目なんですよ、見た目。買う人も見た目で買うから仕方がない。鶏が先か卵が先かって話です。基本、市場でのネギの評価は、まっすぐなこと、虫食いの跡がないことのみでした。おまけにネギを専門に扱っている仲買人でありながらネギの品種も知らなかったそうです。どんなにいいネギを育てて持って行ってもこの売上げでは無理。社員を養えません。はい。すでに社員がいました。スタート時は、社長一名、社員二名、パート一名。初年度の月売上の最低額はわずか二〇万円でした。暖房費はいらないハウスとはいえ、赤字も赤字、大赤字です。やっていけるはずがありません。悩みを抱えながら迎えた一年目の冬は一段と寒い冬でした。

農家は基本、自分で値段を決められません。

「そんなことない」という声が聞こえてきそうですが、マルシェや道の駅などに直接販売する場合は価格を決めるのは農家です。値段を付け慣れていない生産者は得てして安い値段を付けがちです。産直市場で買えば安いというイメージがある程度定着していますよね。買う側にとってはありがたいことですが、育てている手間暇を知ると申し訳ないほどの価格のときがあります。

農協や市場に買ってもらう場合は、価格は相手主導。畑でいくらうまく育っても出荷先がなければ商品としての価値はなく、収穫、洗浄、計量、袋詰め、箱詰めされて初めて商品になります。畑で育っているだけでは商品価値はありません。売れてこそ商品価値が出ます。自分で値段を決められる農家になるにはどうすればいいのか。例えば、ブランド力のある付加価値の付いた野菜を直接販売する方法。お客さんが高くても買いたくなる農産物を作ることです。

しかし、このときはそういった手段をまだ見つけられてはいませんでした。スタートからの三年間は、毎日スタッフの給料をどうしようということばかり考えていました。せっかく新規に就農した若い人たちがやめる大きな理由は、思ったより儲からないことと技術面の不安からだと中島さんは言います。その通りです。

スタートからの三年間でいかに学んで進んでいくかが本当に大事です。「ここで頑張らないでいつ頑張るねん」一人ひとりに声をかけてあげたいです。

見えてきた方向性はイタリア野菜

それでも季節はめぐり二度目の春がやってきました。サラリーマン時代からイタリア料理が好きでイタリア野菜に馴染んでいた中島さんは、ハーブやイタリア野菜を育ててみようと決意します。水耕栽培のよさは、生長の早さです。年に一度の収穫であるお米に比べれば、新しい品種に挑戦しやすく、失敗してもまたやり直せます。あまり人が作っていない野菜は、自分で価格を決められる可能性を持っていました。見たことも食べたこともない、ましてや育てたことのない野菜でもチャレンジしてみたいという気持ちが湧き起こってきました。手当たり次第にイタリア野菜やハーブの種を買い求めて植えました。その数八六品目。えらい数です。

「種はどうやって手に入れたんですか?」

「最初はネットで検索して買ったんです」

「けっこう冒険ですよね」

「新規で農業を始めた者はわからないことも多いですが、ルールにとらわれないから、かえってできることも多いんです」

そうですよね。新規で就農した人は、やってみることを怖がらないし、やり方が間違っていれば変える柔軟さがあり、既存の概念にとらわれない強さがあります。昔からこうだと決め付けません。長年、農業をされている方は、

「市場ではこういう野菜がいいから」

「形が揃わないと買ってもらえないから」

「知らない野菜は扱えない」

というように、今までやり方をなかなか変えようとしません。私の経験ですが、どんなことを始めるときも決め付けるといい結果が出た試しがありません。実家が農家だった旧友がこんな話を聞かせてくれました。

「うちの母の自慢はみんなが作っていない珍しい野菜の種を買って、育てて大儲けしたこと。商売人から農家に嫁いだからできたみたい。珍しい野菜を育てたら売れるかもしれないと思って、せっせと作って町の八百屋さんに持っていったらよく売れてお姑さんにも喜ばれたって、子どもの頃に何べんも聞かされたわ」

無茶だといわれることをやってみたら人生はおもしろくなってくるはずです。中島さんの人生も実際におもしろくなり始めました。

イタリア野菜はイタリア料理店が欲しがるはずと、電話帳でイタリア料理店を探し、片っ端から電話で営業開始。けんもほろろかと思いきや、ほとんど市場に出回らないイタリア野菜は珍しがられ、話を熱心に聞いてくれるシェフが多数出現。

「それは、珍しいなあ」

「日本で作っているなんてありがたい」

と、飛びついてくれました。

ところが、見積もりを出すまではとんとん拍子だったのですが、いざ、注文となると大誤算が発覚します。

「今日は一パック」

「うちは三パック」

どの店も少量の注文しかくれません。

契約できた一〇数軒のイタリア料理店に配達する労力を加味すれば、商売になりません。ダメ元で一流ホテルのイタリア料理店にも交渉してみましたが、名もない農家風情が飛び込みで営業に来るところやないと言い放たれました。屈辱でした。「この屈辱忘れまじ」と心に誓います。そう、逆境はバネになります。イタリアレストランを一軒一軒当たるだけでは埒が明かないと、移動販売を開始。すると、ここで思いがけない声を聞くことになります。

「キャベツはないの？」

「トマトはないの？」

ベビーリーフ、ルッコラ、フェンネル、スイスチャード等、イタリア野菜を始め、西洋の珍しい野菜を売りに来ているのに、普通の野菜があるわけがありません。しかし、移動販売に買いに来るお客さんは、日々の食卓に上る野菜を求めていました。珍しいものをわざわざ買いにきたお客さんではないのですから当然です。ならばイベントでの販売をと、競馬イベントに出店。しかし、競馬イベントに野菜購入を目的に来るお客さんがいるはずもなく、まったく売れません。

それならと、スーパー銭湯での野菜販売に参画しましたが、まる一日立ち続けて売上げは一万五千円也。移動販売、ゲリラ販売、最後には資材の販売と別の仕事もせざるを得ませんでした。寝る間も惜しんで悪戦苦闘したものの二年目の月売上平均は六、七〇万円。出資金は、ハウスの建設費や最初の数ヵ月の運転資金で消えていました。なんとかスタッフの給料は出せていたものの、それも底をついてきました。社長と中島さんも自分の給料どころではなく、お互い貯金を食いつぶす日々。それも休みなく毎日毎日働き詰めの結果です。これが運の尽き。もうあかん。

ありえないほどのマイナス状態のときに舞い込んだのが東京でのマルシェ出店の話でした。一見、悪あがきにしか見えなかったイベント出店や出張販売でしたが、これらのことをやっていたからこそ、東京のマルシェの話が舞い込んだのです。もし、中島さんが売り先が見つからないと畑で頭を抱えているだけだったとしたら、こんな話も来なかったはずです。

逆境は飛躍に繋がる。イタリア野菜が東京でブレイク

藁をもすがりたいときに舞い込んだ東京でマルシェの出店。そもそもマルシェとはフランス語で市場のこと。今では都会のあちこちで生産者が値段を決めて直接販売するマルシェは広がりを見せていますが、二〇一三年当時はさほどメジャーではありませんでした。ましてや、土地勘のない東京です。お客さんに直接、野菜の価値を伝えやすい利点はありますが、栽培から販売まですべてこなさなければならず、労力もかかります。

「東京まで経費をかけて行って、利益なんか残るのか」

と中島さんは反対しましたが、日銭を稼がないと食べていけないと考えていた社長は出店を決めます。

このときは、「トマトはないの？」「レタスはないの？」というあのときの経験をいかし、西洋野菜だけでなく近隣農家の野菜も持ち込みました。

大阪で売れなかったものが、東京ではえらいことが起こりました。初日の売上げが五万円も出たのです。仕入れの原価、交通費のみで考えればトントンの状態でしたが、今までマルシェの初日に五万円という売上げは経験したことのない数字でした。驚きました。そして、本当に売上げがどんどん伸び出したのは震災後です。行く度に売上げは伸びていき、

一日で二〇万円を超える日さえ出てきました。

隣で野菜を売っていたおじさんも、大阪から来た若造が売る野菜の人気に驚きを隠せませんでした。最初は中島さんたちの販売価格が安すぎるとクレームを付けてきたのですが、だんだんよき理解者になり、東京での販売価格相場や販売の仕方などをいろいろ教えてくれました。ありがたいことです。二〇一一年に起きた東日本大震災の影響で東京では新鮮な野菜を求める人が多く、生産者がわかる安心な野菜に対してすさまじいほどの追い風が吹いていました。そんな中、新しい試みとして始まった都市型のマルシェは時代の流れに乗って人気を集めます。大阪の農家から直接運ばれてきた新鮮でおいしい野菜をこぞって買ってくれました。わざわざ農家マルシェに足を運ぶお客さんたちは値段より安心安全を望んでいました。このマルシェはトレンドとして雑誌にも取り上げられる盛況ぶりでした。関西に比べ、東京には一足早く、高くてもいい野菜を買いたいという人々が存在していました。若い女性はイタリア野菜が大好きでした。しかもイタリアレストランでしか食べられなかった珍しい野菜が手に入って、おいしかったからとリピートしてくれるありがたい現象も起こりました。

東京のマルシェはどんどん拡大し、場所も増え、出店回数も増えてきました。寝るのはもったいないとばかりに、寝食を忘れて出店を続けました。しかし、中島さんは生産者。作らなければ売れません。農場の管理も大事な仕事です。毎回大阪から東京まで車で運ぶ必要があり、自分たちの野菜以外は仕入れに行かなければなりません。もちろん、販売も人件費がかかるため人任せにはできません。月曜日と火曜日は大阪での農業と仕入れ、水曜日は大阪でマルシェ。木曜日は農業と仕入れ、そして夜通し車で走って横浜へ行き、金曜日には横浜でマルシェをし、東京へ移動。土曜日は青山でマルシェ、日曜日は青山と恵比須でマルシェの同時開催。夜中に高速を走って大阪へ戻り、またやってくる月曜日。

いつ寝ていいかもわからないほどのスケジュールが続きました。若いとはいえ、疲れはピークに達します。そんな無茶な日々を続けていたある日、野菜を積んで東京へ向かう途中に襲った強烈な睡魔。

「ほんまにあのときは死ぬかと思いました」

迫ってくる大型トレーラーにぶつかる寸前でブレーキを踏んで、九死に一生を得たのです。ほんとうに危ないところでした。疲労がピークに達し、農場の管理もおろそかにならざるを得なくなっていました。

このような殺人スケジュールをこなす毎日で会計処理も雑になっていたのか、売上金額が上がっても利益率は減っていきました。人件費や手間暇を勘定に入れることが難しいのです。

中島さんは、九死に一生を得てからは、東京へ行くことをやめます。あまりに過酷過ぎました。もう、後がない状態になり、会社を残すために、「いっそ八百屋になろうか」と社長が提案します。商売替えです。農家ではなくなるのです。社長も過労でふらふらでした。しかし、中島さんは農場長として、そうは考えていませんでした。目先の資金のためだけに農場を売るなんて本末転倒、まして、五年も使い古したハウスの農場がまともな金額で売れるとは思えません。

「もっと、ちゃんと野菜を作って売りたい」

この死闘のようなマルシェの経験で気付いたのです。

「うちの野菜はおいしいから売れたんだ。珍しいものを作ればお金になるはずだ」

リピーターも多く、固定客も付いていました。売り方さえうまくすれば儲かる農業ができるはずだという確信が生まれていました。

「二束三文で他所に売るぐらいなら、俺が買う。もう一度しっかりと農業を専業にやってみたい」

このとき、中島さんは生産者としての自覚を持ち、売れる野菜を作ることができる自信を胸に独立を決意します。今でも中島さんが初心に戻れるのは、このときに声をかけてくれたシェフがいたことです。当時、中島さんが販売していた西洋野菜を東京のフレンチレストランの名店「コート・ドール」のシェフが気に入って、購入してくれていました。日本におけるフランス料理界の巨匠・斉須政雄シェフです。このことは独立してやっていく自信にも繋がりました。一流ホテルのイタリア料理店に交渉してケンモホロロに門前払いを受けた屈辱が見事払拭された瞬間でした。東京では販売価格が高くても売れるのはどうしてなのか。おいしいからというのはもちろんですが、特にプロの料理人に評判がいい理由は中島さんの作る西洋野菜は日持ちが違うからなんです。

一〇種のサラダミックス誕生

「おいしい野菜を作って売りたい。農業で食っていきたい」という決意を胸に、二〇一四年社長と袂を分かち、ハウスをすべて買い取り、『GreenGroove（グリーングルーヴ）』として再スタートを切りました。自分でスタートさせた中島さんのハウスに行くと、地道な野菜の仕分け作業を黙々とやっている男性スタッフがいました。この商品こそ、今、主力商品になっている「一〇種のサラダミックス」です。この「一〇種のサラダミックス」は、そのままお皿に出すだけでイタリア料理店のサラダのようになります。

オリーブオイルをかけて軽く塩と胡椒をしただけで完成する緑いっぱいのサラダ。調理時間三分足らず。すでにきれいにカットされた野菜をさっと洗ってお皿にのせてドレッシングを添えるだけ。何種類もの西洋野菜が好き勝手に彩ってくれるのです。味がいいのは力強い野菜のおかげ。

多品目の西洋野菜を販売していると、日によって売れる野菜と売れない野菜ができてきます。どれも味に個性があり、買う側も名前も知らない野菜をどう使えばいいのか迷います。一種類ずつ販売していると、売れる野菜と売れない野菜が出、しかも売れ残り方がそのときどきで違うので予測が付きにくいのが悩みの種でした。

ある日、試しにそれぞれの野菜を取り混ぜてセットにし、袋詰めしたのがこの商品でした。種類ごとに販売していたときは、

「この野菜はどうやって使うの？」

と、何度となく質問されていましたが、名前と特徴を説明したところでなかなか理解してもらえません。ところが、この「一〇種のサラダミックス」の場合は、

「きれい！」

「レストランのサラダみたい」

という声が上がり、どんな野菜が入っているのかという質問が出ません。一〇種類の西洋野菜がミックスされているのだと勝手に納得してくれます。そのままサラダに使えばいいのだと納得してくれます。このやり方はイタリア料理店やフランス料理店のシェフだけでなく、一般の人にも好評でした。

「この野菜はどうやって使うの？」

と聞かれれば

「サラダにお使いください」

答えは一つです。

食べたことのない珍しい品種ばかりでも、お皿に盛り付けるだけで緑あふれるサラダに変身。一〇種それぞれ違う味がミックスされています。

「あそこのイタリア料理店で食べたときは、ミニトマトが入っていたから加えてみようかしら」

「ナッツも入れたらおいしいかも。あら、おいしいわ」

てなもんです。

アレンジするのはお客さんであり、シェフです。プロにすれば見た目もよく、カットの手間も省けて楽ちんですし、組合せを悩まずに済みます。ボリュームがでるためコスト

10種のサラダミックス

パフォーマンスも優れています。反応は衝撃でした。おいしいと言われる料理店に足を運ぶ女性たちは、その味を覚えていました。それが家庭の食卓に並ぶのです。

ただ単に、西洋野菜を混ぜてパックに詰めているだけだと思わないでください。食べたらわかります。味が違います。お皿に並べるだけでふわっとボリューム感のあるイタリア料理店のサラダが完成します。それぞれに個性的な味がする西洋野菜たちは、口に運ぶ度に違う味に出合えます。水耕栽培の野菜は弱々しいと思っていませんか。しかもカット野

菜は日持ちがしにくいし、余ったからカットしているとか……。ところがどっこい、違うんですよ、これが。力強く、苦みもあり、食感もいい野菜本来の味に加え、日持ちがします。その理由は栽培方法です。一つの株から収穫しているのは最初の新芽だけ。カイワレや豆苗を一度切って使った後、根っこのところを水に浸して育てた経験はありませんか？せっかく芽が出るのですからやらなきゃ損。私もよくやりますが、やはり二回目はあきらかにひ弱な豆苗に育ちます。三回目にいたってはさらにひ弱なひょろひょろの豆苗ができるだけです。四回目はあきらめた方が無難です。誰もそこまでしないかな。

プロが育てている水耕栽培の場合も同じで、新芽を収穫した後も育つのですが、やはり新芽にはかないません。中島さんは新芽を収穫した後はすべて植え替えます。商売としては新芽を採っただけで植え替えるのはもったいないことですし、植え替える手間もかかりますが、その分力強い野菜が育ちます。量より質。収穫量を闇雲に増やすのは効率が悪く、このやり方の方が付加価値が付き、効率アップに繋がります。

また、農産物を腐らせる菌を減らすことで野菜が持つ本来の生命力を引き出しています。水の中に入れる液体肥料の量を、通常の五〇パーセントから三〇パーセントに減らし、野菜が生きていく上でギリギリの栄養分にしているため、野菜本来が持つ生命力が発揮され、力強く育ちます。どれも経験値からわかったことです。液体肥料は収量や品質には欠かせませんが、与えすぎると品質が低下します。液体肥料に含まれる窒素は生育には欠かせな

スイスチャードマゼンタ＆スイスチャードブライトイエロー

パープルコールラビ

い栄養成分ですが、与えすぎると軟弱になり、腐る原因にもなるのです。この窒素施肥量の少なさから品質の持ちが違うのです。

力強い新芽のみ収穫、個性の強い海外品種の種（非遺伝子組み換え）、液体肥料をギリギリまで抑え、生命力を引き出した栽培、そしてハウスがあるのは標高三三〇メートルの寒暖差が激しい場所なので、日中に蓄えた糖の消耗が、夜が寒いと減るため、野菜本来の甘さが増します。声高には言えませんが、保存環境に大きく左右されますが、取引先のレストランの中には、「一週間は持ちます」と言ってくれている方もいます。

さて、どんな野菜が入っているのでしょうか。挙げてみましょう。

オランダ原産のバタビアリーフレタス二種、ロシアンケール、パープルコールラビ、サラダマスタードリーフ、藤色水菜、アメリカ種水菜、スイスチャード（マゼンタ）、スイスチャード（ブライトイエロー）、フェンネル。ネットで検索してもすぐにはヒットしない野菜の多いこと、多いこと。品種改良があまりされていない海外種のため当然と言えば当然ですが、見た目も形も違う西洋野菜のミックスは、わくわくします。一度食べると苦みと甘みが記憶に残り、また食べたくなるので、私はせっせと水曜日に仕事場のある南森町から淀屋橋まで買いに行きます。

シェフが通う淀屋橋オドナのマルシェ

毎週水曜日の午後二時から七時まで定期開催されている淀屋橋のマルシェは、商業施設「淀屋橋オドナビル」前の大阪のメインストリート御堂筋に面した場所。いつものオフィス街が、この日は市場のような雰囲気で賑わいます。中島さんの店舗は、品揃えがすごい。中島さんが厳選した「農家でとれた野菜のセレクトショップ」とでも言うのでしょうか、常時五〇種類の野菜が並び、扱っている野菜はどれも新鮮。コンセプトはできるだけ物珍しい野菜。どの野菜も誰がどのようにして栽培しているかがわかっている野菜です。その中でも通年販売できる「一〇種のサラダミックス」は看板商品です。これだけの種類の野菜を大阪の都会のど真ん中で買うことができる場所は、他ではなかなかありません。お客さんの八割がリピーター。そのリピーターの最たるものがレストランのシェフなのです。毎週通っているレストラン関係者は、二〇軒以上。大阪市内の有名レストラン御用達のお店になっています。鮮度と味に惚れ込み、一日に三万円以上、ここで購入してくれているシェフもいます。調理して野菜の特性がうまく出る、ちょっと心ときめく野菜をチョイスしており、どの野菜を買ってもはずれなし、新鮮です。

ただ単に珍しいから売れるというのではなく、中島さんは調理したときに野菜がどんな状態になるかを考えて選んでいます。例えば、紫色のカリフラワーは生の状態では見事な紫色なので、お皿の上でもさぞかしきれいに違いないと期待が膨らみますが、湯がくと青色になってしまい、あまりおいしそうには見えないのでボツ。その点、オレンジカリフラワーは、湯がくとよりオレンジが鮮やかになるからオッケー。調理するシェフの気持ちになって野菜を選び、要望を常に聞いています。土日に開催されることが多いマルシェは、どうしてもイベント的になりがちです。野菜を目当てに来る人だけではなく、帰りに他のところに立ち寄るお客さんも多いので、売上げが安定しにくいのですが、ここは平日の定期開催なので、誰もが野菜の購入目的で訪れます。飲食店が多い場所でもあり、将来的には、店頭販売だけでなく、事前に注文を聞き、配達などができればと考えています。お客さんであるシェフの生の声を聞くこともでき、どんな野菜が今求められているかわかる情報収集の場所にもなっています。新鮮で珍しい野菜、おいしい野菜は売れるはずという、あの東京でのマルシェ体験で覚えたノウハウが生かされ、売上げも上々です。

「一度食べておいしかったものはまた買ってもらえます」

第二、第三の看板商品

「一〇種のサラダミックス」のように、多種の葉物野菜をパックにして販売しているものは、最近、スーパーでも見かけるようになってきましたが、同じように一〇種類の野菜が入っていたとしても、さほど珍しい野菜の組み合わせではありません。何より味、ボリューム、日持ちが違うため、一度、購入したシェフはみなさんリピーターになり、安定した収益に繋がっています。販路拡大のために、昨年から今年にかけて思い切ってハウスを増設し、夏場対策として、温度管理や換気が十分できるように自動遮光システムを取り入れました。今まで一〇アール弱（約一千平方メートル弱）のハウスで栽培していた「一〇種のサラダミックス」は、ほとんどが飲食店と一部の直売所、淀屋橋のマルシェで完売しており、大きな商談会などでアピールしていませんでした。ハウスの増設で栽培面積が約二・五倍になったことで、大きな商談会にも積極的に出向き、手ごたえを感じています。価格や送料の折り合いがつかないときはありましたが、商品的にダメ出しが出たことは一度もありません。

「こんな野菜を探していました」

と、三重県のレストラン、蕎麦屋さんとも取引が始まりました。

他県のホテルのレストランのシェフ。

今までハウスから離れた場所だったため効率が悪かった露地栽培を、ハウス近くの土地に場所を変え、ビーツを主力商品として栽培し、来年には安定した収穫ができる予定です。

ビーツは、ロシアのボルシチにかかせない野菜ですが、俗に『食べる輸血』といわれているほど栄養価が注目されています。シェフが赤色を出すためによく使っている野菜です。

「カレーに入れたら真っ赤なカレーになりますよ。試してみてください」

と教えてもらい、やってみたらなかなか楽しいカレーが完成しました。

さらに強いブランド力を付けていくことが今後の課題であり目標です。栽培面積に余裕ができた分、第二、第三の看板商品を作る計画が始まりました。

注目したのは、古代インカ文明から栽培されてきたインカベリー。

「見た目が可愛くて、イチゴっぽい味がするんですよ。すさまじくおいしいし」

ほおずきのような見た目ですが、これが栄養面だけでなく味もいいというスーパーフード。「抗酸化の女王」の異名を取るものです。一般的にはドライフルーツとして流通しています。露地栽培で開始し、うまくいけばハウスでの栽培も視野に入れています。

まだまだあります。マイクロリーフです。新芽のまま収穫されたミニサイズの野菜とハーブの総称で、シソのマイクロリーフもあれば、チコリのマイクロリーフ、クレソンのマイクロリーフもあるわけです。発芽して一〇日から三〇日程度の若い葉菜がベビーリーフ、そのもう一段階前に収穫するのがマイクロリーフ、二、三センチのサイズです。色鮮やかで存在感があり、料理のアクセントになるため、多くのシェフに愛されていますがまだ市場には多く出回っていません。一度にいろんな種類を食べることができ、ミネラルやビタミンも豊富です。シェフの想像力でなんとでも使い道が広がりそうな野菜です。

「大阪の飲食店の人たちにマイクロと言えば、うちと言ってもらいたいですね」

「五種のマイクロリーフとか一〇種のマイクロリーフが生まれますね、きっと」

いつもレストランのシェフから、どんな野菜が欲しいかを聞いている中島さん。最近はミニ野菜の需要が多いと感じています。ミニ根菜も通年栽培していく予定です。ラディッシュを育てる上で間引きしたときにできるのが、ミニラディッシュ。これをミニラディッシュとして販売するのではありません。間引きではなく、このミニラディッシュを作るために育てるのです。ミニラディッシュ、ミニビーツ、ミニルタバガ（スウェーデンカブと呼ばれているアブラナ科の野菜）などです。このルタバガは、見た目はカブですが、塩を振って素揚げにするとポテトフライのような味になるそうです。

普通サイズのビーツを一株育てるのとミニのビーツを一〇株育てるのでは、大きいのを一株育てる方が、断然楽です。が、中島さんは、種代や手間暇がかかったとしても欲しいと思ってもらえるものを作る方がいいと考え、絶えず野菜の商品開発をし続けています。

二年後になる予定ですが、自社加工も計画中です。市場ではカット野菜は飽和状態だといえますが、B級品をカット野菜にするのではなく、鮮度、希少価値のある西洋野菜をカット野菜として加工するために育てるのです。鮮度のいいものしか扱わないのです。

農業をベースにすることは変わりませんが、野菜を基本にできることはどんなことにも、チャレンジして行くつもりです。

現在、雇用スタッフは従業員三名、パート四名。水耕栽培・養液栽培・露地栽培の三つの栽培方法を品目によって使い分け、ヨーロッパ野菜・国内外の希少野菜を中心に様々な野菜を生産しています。

東京でのマルシェ経験をきっかけに、消費者が求めているものは何か、自分のやりたい農業を見極める足掛かりをつかんだ中島さん。「止まると死ぬんじゃ」とばかりに、足踏みをすることなく前を向き続けています。

■農業者概要

GreenGroove（グリーングルーヴ）
中島光博（一九七八年生まれ）
大阪府和泉市仏並町
就農／二〇〇九年
二〇一四年一月一日「GreenGroove（グリーングルーヴ）」を開始。
農地面積／ハウス約三〇アール（約三千平方メートル）
露地二〇アール強（約二千平方メートル強）
スタッフ／七名（従業員三名、パート四名）
主な栽培品目／日本では希少な西洋野菜、ハーブ、ビーツ
総売上／約二千六〇〇万円

ハウス内

■中島さんの野菜を購入できる場所

・淀屋橋ｏｄｏｎａマルシェ
大阪市中央区今橋四―一―一／毎週水曜一四時から一九時
（地元若手農家団体「南大阪ネクストファーマーズ」のメンバー、近隣農家の野菜を販売）

・いずみ・ファーマーズ「葉菜（はな）の森」
大阪府和泉市大野町九七三―三
電話　〇七二五―九九―三三三三

・泉北タカシマヤ
大阪府堺市南区茶山台一―三―一
電話（代）〇七二―二九三―一一〇一

・野菜直売所併設型カフェ「野菜直売　Ｇｒｅｅｎ　Ｃａｆｅ」
大阪市浪速区湊町一―四―一　ＯＣＡＴ一階
電話　〇六―六六四四―三〇五一

第8章 九九歳の祖父と守り育てる花御所柿

岡崎昭都(おかざきあきと)さん・富蔵(とみぞう)さん　鳥取県八頭郡

柿畑の美しい風景を残したい

私にはどうしても会いたい青年がいました。九九歳（二〇一七年八月現在）のじいちゃんと柿農家をしている岡崎昭都さんです。富蔵じいちゃんは、今も畑に出ている現役です。「現役といっても僕が半分介護しながらなんですよ。耳がめちゃめちゃ遠いんで」と電話の声。九九歳で畑仕事をしているというだけでも奇跡的です。

訪ねた先は、鳥取県八頭郡八頭(やず)町。鳥取駅から郡家(こおげ)駅まではJR因美線、二両編成の可

岡崎昭都さん

愛い電車で向かいました。各駅で高校生が次々と乗車してくる賑やかな車内でした。うん一〇年も前の私の高校時代によく似た田舎の素朴な雰囲気が漂っていて少しデジャブ。携帯をいじっていないし、少女は文庫本を読み、少年たちはヤンキーがどうのこうのと話しているし、茶髪もいない。私の高校時代、学校がある和歌山県田辺市の紀伊田辺まで汽車で通う生徒のことを汽車通と呼んでいました。

鳥取といえば梨、らっきょう、砂丘が知られていますが、実は柿の産地でもあります。『西条柿』『輝太郎(きたろう)柿』など、たくさんの種類があり、中でも『花御所柿(はなごしょがき)』という二〇〇年以上も前から八頭郡のごく一部でしか育たない柿は希少品です。岡崎さんもじいちゃんと一緒に、この花御所柿を栽培していました。

元々じいちゃんとばあちゃんが二人で農業をしていたのですが、ばあちゃんが入院することになり、じいちゃん一人ではどうしようもなくなってしまいました。当時、じいちゃんは自分でトップカー（作業運搬車）を乗りこなすほど元気でしたが、このときすでに九一歳。

両親が共稼ぎだったこともあり、子どものときからじいちゃんとばあちゃんに世話をしてもらっていた岡崎さんにとって、柿畑は思い出の場所でもありました。あるのが当たり前だった柿畑がなくなるかもしれないと知ったとき、心がざわつきました。当時勤めていた土木関係の仕事はやりがいがあったし、農業に興味はなかったのに、

「じいちゃん一人では無理。柿畑はどうなるんだろう」

焦りました。

「外で働くのは好きだったけど人に雇われるのが嫌で、いつかは独立してカフェでもできたらと。ただ農業は考えたことがなかった」

と言うものの、じいちゃんの柿畑をなくしたくない一心で、「三〇歳になったら柿農家になる」と決意しました。

きっぱり勤めを辞めて、同じ町にある大規模農家・(有)田中農場に入りました。山田錦（酒米）を始め、コシヒカリなどのお米を主に栽培している大規模農家で約三年間、米作りと農業のノウハウを学び、決意通り、二〇一三年、二月二二日、三〇歳の誕生日にじいちゃんの柿畑を継ぎました。若き柿農家の誕生です。

修業の間、じいちゃんが元気で柿を育ててくれていてよかった。柿畑を守るために農家

になると決めた岡崎さんですが、周りからこんなことを言われました。

「柿は儲からないからネギを作れ」

またもや出ました。ネギは儲かる話。

「柿は一〇アール（約一千平方メートル）で一三万円しか儲からん」

一〇アールで作れる柿は約二千キログラム、一〇キログラムでおよそ四〇個くらいですから約八千個分くらいでしょうか。安いですね。

西条柿

のんびりした雰囲気の岡崎さんですが「それなら柿で儲かるようにすればいい」とメラメラと闘志が湧いてきました。自分のやり方で、市場の規格や価格に惑わされずに独自で開拓していけばいいと決意しました。じいちゃんの柿畑にはこの地域でしか育たない花御所柿があります。しかも樹齢一〇〇年を超える柿の木が何本もあり、たわわに実を付けます。

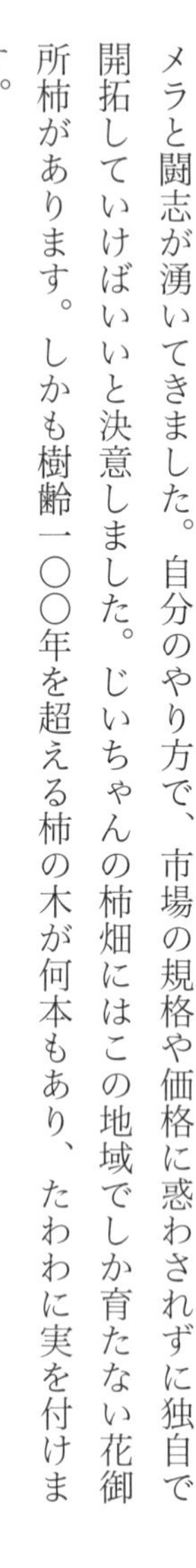

いざ柿の木を見てみると、じいちゃん一人で栽培していたため、手が回りきらず幹が苔だらけでした。見栄えも悪いし、木の皮に害虫が棲みつき、乾燥しにくいため柿の成長を妨げます。雪が降る真冬の二月末、最初に着手したのは苔を取り除くことでした。木の皮を手作業で丁寧に剥いていきます。木を洗浄する機械があればいいのにと思いながら、一

本一本苔を取っていくのはかなりの重労働です。花御所柿が三〇アール（約三千平方メートル）、西条柿が四〇アール（約四千平方メートル）、『輝太郎柿』が一〇アール（約一千平方メートル）と柿だけでも八〇アール（約八千平方メートル）あります。半ばやけくそになりながら、夢中で寒空の中で剥き続けること一ヵ月。やっと作業が終わった頃に、

「そや、共同購入した洗浄機があったな」

とじいちゃん。作業が終わる前に言ってあげてください、じいちゃん。

「じいちゃん、のんびりしているから」

一生をかけて柿を守り育てていくと決意した三〇歳のスタートは、こうして幕を開けました。

わがままな花御所柿の魅力

二〇一三年二月の時点で柿畑八〇アール（約八千平方メートル）、米七〇アール（約七千平方メートル）、野菜畑二〇アール（約二千平方メートル）だった作付面積は、二〇一六年にはさらに四二アール（約四二〇〇平方メートル）増えました。近隣で耕せなくなった耕作放棄地寸前の畑を引き受けているからです。

柿の栽培品種は全国で一千を超えると言われ、種類によって個性があります。郊外に行

けば、柿の木が庭や畑にある家はよくあります。ほったらかしても毎年実を付ける印象がありますが、おいしい柿は簡単にはできません。収穫時期は一気にやってきますし、高齢者には大変な作業です。どんな作物でも同じですが、いいものをちゃんと作るのは大変なんです。

近年、この地域に春なのに柿農家泣かせの霜が降りるようになったそうです。春の霜は、柿の新芽を枯らしてしまうため、生産量がかなり減ってしまいます。原因はよくわからないのですが、岡崎さんが柿農家になったばかりの頃は、そんな現象はなかったのです。そのため、春先に灯油をせっせと焚いて霜を防ぐ作業が発生しました。ブリキ缶に灯油を一定量入れ、一番冷え込む三時から六時頃まで火を絶やさず、見回らなければなりません。燃料費もかかり、体力もいりますが、おいしい柿を育てるためにはやるしかありません。キツイ。この霜対策には一回四万円近くの経費がかかってしまいました。

柿はなかなか気ままでわがままでやっかいです。中でも際立った個性を放っているのが今や幻の柿と言われている『花御所柿』です。古くから存在しているのにほとんど無名。幻と言えば聞こえはいいのですが、それだけ作る人が少ないのです。

名前からして美人な柿『花御所柿』は、約二〇〇年前に、郡家町「花」という地域の農家、野田五郎助という人が大和の国（現在の奈良県）から『御所柿』の枝を持ち帰り、渋柿に接木したのが始まりだと言われています。当時は、五郎助さんの名前を取って『五郎助柿』と呼ばれていましたが、「花」という地名から『花御所柿』と呼ばれるようになりました。

鳥取県の東部、因幡地方のみで栽培され、しかもその九割が郡家町です。不思議なことに郡家町の中でもごく一部の限られたところでしか品質のよいものがとれないのです。理由は解明されていませんが、県外で栽培すると、ことごとく失敗に終わりました。気候が合わないのか風土が合わないのか、上質な柿には育たず、栽培を断念したそうです。育つ場所を選ぶわがままな柿なのです。

花御所柿

その実は緻密で果汁が多く、糖度が二〇度以上で、甘柿の中では最高だといわれる、とろけるような味は一度食べると忘れられなくなります。熟していないときは渋いのですが、収穫が始まる十一月中旬から十二月上旬に樹上で甘くなる甘柿です。甘柿と渋柿の違いは、甘柿が成熟すると樹上で自然に果実の渋が抜けるのに対し、渋柿は完全に軟化するまで渋いまま。人の手で渋抜きをしなければ甘くなりません。

『花御所柿』が熟すのは一気で待ったなしです。まさに「美人はわがままでも許される」ですね。ゆえに収穫は時間との闘いになります。しかも収穫時期は通常の柿より遅い十一月中旬から下旬のために、雪が降ることもしばしば。雪が降れば柿にダメージを与えてしまいます。収穫時期を迎えた花御所柿は、葉がすべて落ち、その実が天に向かって花が咲いているように見え、コロンコロンとした柿が寄り添うように実ります。その姿は、とてもかわいらしいのです。

味よし姿よしの『花御所柿』ですが、デリケートで、なんであなたはそんな性格なのと突っ込みたくなるような困った特性があります。すぐに「訳あり」になってしまうんです。これがまたやっかいで、「へたすき」といって、へたの下部分に空洞ができやすいのです。へたの部分より実が早く成長するために起きる現象で、他の柿ならその段階で木から落ちるのですが、『花御所柿』は木から離れず成長を続けるため大きく育てば育つほど「へたすき」ができ、見栄えが悪くなります。味は同じなのですが、見栄えが悪いため「訳あり」として出荷されます。

高級な柿ですから見栄えも大事な要素なんです。普通は落ちてしまうのに、落ちずに頑張ったからこそできた「へたすき」であれば、それをきちんと物語として伝えれば価値を上げることができるのではないでしょうか。落ちない柿なんだから、受験生が食べたくなるんじゃないかしら。「訳あり」を長所として、いい方向に転換できるに違いありません。

岡崎さんの畑で育つ『花御所柿』は、樹齢一〇〇年越えの木が二〇本もあります。たわわに実を付ける、太く凛々しくたくましい姿の木です。最初に修業した「田中農場」の社長が、一〇〇年ブランドの柿として、もっと付加価値を付けられるはずだとアドバイスをしてくれました。

今、この木からとれた柿をセミドライにして販売しようと計画中です。実現までには、まだ少しばかり時間がかかりそうですが、早く作ってじいちゃんに食べて欲しいですね。長生きのじいちゃんと一緒に育った柿の木ですから長寿をキーワードにするのはいかがですか。一〇〇年分のエネルギーを背負った柿は、どんな味がするのか楽しみがまた増えました。販路を広げ、売り方を考えれば全国区も夢じゃないのが『花御所柿』です。知れば知るほど魅力的な、わがまま美人柿の知名度が上がれば、若い柿農家が増えるはずです。じいちゃんは、耳が遠くてなかなか会話になりませんが、それでもいろんなことを教えてくれました。

「自分だけ儲けんな。自分だけじゃなくて周りも一緒に儲けないけん」

その教えは大事にしています。できるだけ地元の力を使い、みんなでうまくいく方法を考えたいから、パッケージも地元の友人に頼んでいます。

「言いたいことは全部言わずに八割に抑えておけよ」

これもじいちゃんの教えです。

「年寄りの言うことは間違いがないから」

と、柿を財産にし、これからも地域のみんなを巻き込んでいくためにどうしていけばいいのかを模索しながら実践しています。この地域でも高齢化が進み、どんどん柿農家が減少しています。古くなって管理が難しくなった樹園地（果樹、茶、桑など永年性の木本作物を栽培している圃場のこと）を、二〇年かけて復活させる計画を実践中です。じいちゃんの教えを守り、地域で未来に繋いでいこうとしています。

二〇一七年は借地三〇アール（約三千平方メートル）を改植し、冬には百三〇本の柿の木を植える予定です。二〇年後、三〇年後には「鳥取・八頭町は若い人が柿を育てている元気がある町」にすることが農業者としての岡崎さんの目標です。

とはいえ、今は農協出荷が多く、経費もかかっています。直接販売を拡大していくためのシステム作りはこれから。「鳥取といえば梨」ではなく、「鳥取といえば柿」と言ってもらえるように、目指せ「花御所柿の全国区」です。

十二月の初めには花御所柿を持って、東京の墨田区の「すみだ青空市ヤッチャバ」と勝どきの「太陽マルシェ」に出店しました。勝どきでは、毎年、岡崎さんの渋柿で干し柿作りをしているお客さんもいます。また、柿の木で原木しいたけならぬ原木木耳（きくらげ）の栽培も始めました。柿農家が作った柿の木の原木木耳。原木木耳自体、ほとんど栽培されていないものなので収穫が楽しみです。今年の七月には、鳥取に地域おこし協力隊で来ていた女性と結婚。奥さんは東京出身なので、東京での販路も模索中です。

私が岡崎さんの柿畑を訪れたのは七月でした。広い畑に植えられた柿の木は、緑の葉っぱをまとって、その美しさといったら。何時間でも飽きずに見続けられるような圧巻の景色でした。柿畑に入ると足元には一面のクローバー。寝ころがりたいような柔らかな葉っぱです。

「なぜ柿の木の下にクローバーを植えているんですか」

「クローバーを植えると雑草が大きく育たないから草刈りが楽になるんです。四ツ葉のクローバーもあったりして、楽しいですよ」

岡崎さんは両手を広げ、樹齢一〇〇年を超える柿の木を抱きかかえるようにして、

「いつもこうやっているんですよ。気持ちが落ち着きますよ」

朝から少し雨が降ったこともあって、湿り気を帯びた柿の木はしっとりひんやりしています。たぶん私のアルファ派はかなり増加したはず、柿の木が気持ちを穏やかにしてくれました。

「あっ、じいちゃんまた、柿を植えている」

柿の木の下に一メートルにも満たない若い柿の木が育っています。大木の枝の陰になっているため日当たりが悪そう。やる気満々のじいちゃんが、柿の苗木を植えたのです。大木の下に植えてもうまく育たないのですが、じいちゃんはおかまいなしで、やりたいときにやりたいことをやっているみたいです。それもご愛嬌。

耳が遠いじいちゃんは、あまり人の話を聞いていませんが、元気いっぱいで「来年はスイ

カを植える」と豪語しているそうです。田植え間近の作業場には、カジカガエルが鳴き始め、作業場の周りには、蛍がチラホラ飛び始めています。じいちゃん、今年の十一月十一日で一〇〇歳です。

120年の古木の下で。富蔵じいちゃん

■農業者概要

岡崎ファーム

岡崎昭都（一九八三年生れ）

　富蔵（一九一七年生れ）

就農／二〇一〇年（(有)田中農場で修業）

　二〇一三年柿農家の四代目となる

農地面積／柿　一二〇アール（約一万二千平方メートル）

　米　七〇アール（約七千平方メートル）

栽培品目／花御所柿、西条柿、耀太郎柿などの柿、米

売上／四〇〇〇万円（給付金一五〇〇万円）

経費／九五〇〇万円（作業場、トラクター、選果機など、主に設備投資）

■岡崎さんの柿を購入できる主な場所

岡崎ファーム

鳥取県八頭郡八頭町市谷三三五―一

電話　〇八五八―七一―〇五六五

okazaki.farm@gmail.com

第9章

先祖代々の農地を受け継ぎ、新たな挑戦。ブランド野菜に勝機あり

射手矢康之（いてややすゆき）さん・智子（ともこ）さん

大阪府泉佐野市

専業農家の両親、出荷先は一〇〇パーセント農協だった

大阪の泉佐野市で代々続く射手矢農園は、二〇一五年の秋に株式会社になりました。法人化したのは、一〇代目の射手矢康之さん。作付面積約二三ヘクタール（約二三万平方メートル）と大阪の農家としては大規模な農地で、従業員五人、パート四人で年商一億三千万円の売上げを上げています。

射手矢さんが二〇歳で後取りとして就農した一九八八年当時は、三ヘクタール（約三万平

方メートル）くらいの農家でした。大阪府の西南部にある泉州地域は、堺市、岸和田市、泉大津市、貝塚市、泉佐野市、和泉市、高石市、泉南市、阪南市、忠岡町、熊取町、田尻町、岬町の一三市町からなる地域です。当時は、農業で稼げなくても、持っている土地を売ればいいと考えている農家が多く存在していました。

キャベツ畑の射手矢さん

この三〇年近く、日本の農業が衰退の一途をたどる中、どのように駒を進めたのでしょうか。

今でこそ、「伝統と素晴らしい味を守りたくて百姓やってます、食卓が明るくなる野菜を育てます」と、ホームページでうたっているように、誇りを持って農業に取り組んでいますが、就農当時はそうではありませんでした。単に家業が農家だから、姉三人の下に生まれた一人息子だったからという理由で跡を継ぎました。農業が好きなわけでもなく、「農家は儲からない、農家にカッコいいことはない」と思っていたし、「農家をやっています」と胸を張って言ったこともありませんでした。ワンマンだった父親、朝から晩まで忙しくしていた母親を見ていて、農家にはなんの魅力も期待も持てずにいましたが、苦労をしていた母親を助けたいという思いがありました。両親は約三ヘクタール（約三万平方メートル）の農地で玉ねぎを中心に、キャベツ、里芋、米を栽培していました。射手矢さんが跡を継いだ頃の売上げは約二千五〇〇万円だったそうです。

販売先は農協が一〇〇パーセント。それが当たり前の時代でした。繰り返しになりますが、農協は大きさが揃って、きれいで、虫がついていなければいいというのが商品の判断基準です。いくら手間をかけても、もっと高く買ってくれと言っても何も変わりません。農家は、農協に不満はあっても、儲からなくても仕方がない、こんなもんだという気持ちでした。この当時、多くの農家がそう考えていたはずです。

そんな射手矢さんが衝撃を受けた出会いがありました。

大阪府が割と裕福だった一九九四年。東京での農業研修に参加することになりました。勉強する気などなく、嫌々ながら「行ったたってもええか。旅費も面倒みてくれるし」そんな気持ちでした。

会場となった、国立オリンピック記念・青少年総合センターには、全国から意気盛んな若い農業者が集まっていました。

「自分は大阪の農家や。シティボーイや」

田舎者ばかり来るはずだと高を括っていたのですが、集まった若手農家を見て、思わず出た言葉が、

「ジャニーズの養成所みたいや」

自分より若くてカッコいい農業者がわんさかいました。沖縄のマンゴー農家、山形のさくらんぼ農家、北海道のアスパラガス農家、花農家、それぞれが熱く語る農業論に、二七歳の自称シティボーイは圧倒されました。

関西から来ている農家もいました。しかもかなり目立っていました。寺田農園の寺田昌史さんです。手渡された名刺にはこう書かれていました。

「好きやから百姓やってます」

百姓が好きだと公言しているばかりか、自分と同世代なのに利益も上げていました。それに何より楽しそうに農業を語るのです。農業はカッコ悪いし、儲からないと思い込み、大きな声で農業をやっているとも言わずにいた自分はなんだったんだと、恥ずかしくなりました。

研修で意気投合した仲間と、自分が作っている野菜や果物を送り合う約束をしましたが、射手矢さんは玉ねぎを送ってマンゴーやさくらんぼが送られてくるのが申し訳ない気持ちで一杯でした。自信がなかったのです。ところが、マンゴー農家もサクランボ農家も、

「こんなうまい玉ねぎ初めて食べた」

「マンゴーを送るからまた、玉ねぎを送って欲しい」

「さくらんぼを送るからまた、玉ねぎを送って欲しい。今まで食べていた玉ねぎは玉ねぎ

じゃなかった」

驚きでした。自分の作った玉ねぎがそんなにおいしいのだろうかと。高級さくらんぼの『佐藤錦』と交換するなんて、玉ねぎがそんなに値打ちのあるものだと考えたこともなかったからです。エビで鯛を釣っているような感覚です。こんなおいしい玉ねぎを食べたことがないと、何人もの農家から言われ、初めて自分が作っている玉ねぎに誇りを持ちました。

そうなんです。泉州産の玉ねぎは、特別おいしかったのです。

「泉州という土地がおいしい玉ねぎを作ってくれる」

この頃から有機を含んだ肥料を使っていましたが、何よりも泉州地域特有の寒暖差と土地が玉ねぎ栽培に合っているからだと射手矢さんは言います。射手矢農園で種から育てた苗を分けて欲しいと言われて、分けてあげたところ、他の地域では同じように甘くて瑞々しい玉ねぎにはなりませんでした。

「なんでやろな。やっぱり土地が玉ねぎ栽培に合っているからや」

先祖代々受け継がれた肥えた土地に理由が隠されているのかもしれません。加えて、射手矢さんの玉ねぎは、特別大きい。

「健康だから大きく育つ。健康な玉ねぎはおいしい。だけど、大きい玉ねぎは規格外になる」

泉州の玉ねぎは、水分が多く、甘みがあり、柔らかいのが特長です。

明治時代に始まった泉州での玉ねぎ栽培は、昭和に入って栽培面積が増加。最盛期の昭和三五年頃には、四千ヘクタール（約四〇平方キロメートル）を超えるほどでした。しかし、その後はどんどん栽培面積が減っていました。儲からなくなったからです。

他府県の農家が口を揃えて玉ねぎを褒め称えてくれたことで、おいしい玉ねぎを作っていたことを初めて自覚しました。家でも他所の玉ねぎを食べたことはなく、農協に出す玉ねぎは味で評価をされません。おいしいと言ってくれる消費者とも会ったことがありませんでした。

泉州たまねぎ･長左エ門

「マンゴーやサクランボと交換して欲しいと言われる玉ねぎがなんでこんなに安いのか」

次第に腹立たしい気持ちが湧き起こってきました。

今まで出荷していた農協に来る市場の人には、

「味は関係ない」

そう言われていました。

当時、中国から輸入した安い玉ねぎが多く流通しており、農協の玉ねぎの買取価格は二〇キログラム（およそ六〇個）で七〇〇円から八〇〇円でした。この値段でないと、スーパーが仕入れてくれないのです。

この状況で勝負しても何も変わらない、今まで当たり前だと思ってやっていたことを打破しようと、真剣に考え始めました。農作物は、一生懸命育てていましたが、販売や価格のことで、自ら行動を起こそうとしたのは初めてのことです。突破口はなかなか見つかりません。それに一〇代目ともなれば、農協とはあらゆる面で今までのお付き合いがあります。危機は突然やってきました。

今まで盆と正月の年二回だった種苗や資材の支払いが、月締めで毎月支払わなければいけなくなったのです。玉ねぎは季節ものです。毎月安定した収入にはなりません。玉ねぎの売上げが入る盆まで支払いを待ってもらえず、貯金を切り崩すしか手段はありませんでした。それどころか借金もしなければならなくなりました。今まで甘く考えていたことを思い知りました。

「お金に困って初めて真剣になったんや。なんとかせなあかんて」

農地もあり、栽培技術のある両親がいる。新規就農者に比べれば楽なスタートでしたが、このとき初めて真剣に販路を模索し始めました。このままではダメになる、この状況を変えなければ未来はないと気付きました。しかし、頼まれたらイヤとなかなか言えない性格のため、地域の役員を頼まれることも多く、農業以外に時間を取られることも増えていました。どうすれば、時間を確保できるのか。もっと、農業に時間を費やすにはどうすればいいのか。農作業を効率よくする段取りを考え、時間を作りました。例えば、畑を耕すためにコンバインを使うときは、畑の近所に家が多く建っている場所は明るいうちに済ませ、周りに家が密集していない畑は夜にコンバインを使いました。味は関係ない、大きい玉ねぎは規格外だという農協相手では、自分で価格は決められない。

「こいつらを相手にしててもあかん、自分で売りこむ」

射手矢さん、三六歳。

射手矢農園の名前を付けて売る

健康な玉ねぎを作れば大きく育ち、味もいい。おいしいものを作りたい、その思いは当時も今も同じです。しかし、農協出荷では、サイズ分けをして出荷するため、大きすぎれば規格外になり、二等品扱い、価格も下がります。土ばかり見ている農家だった射手矢さんが、経営のことを考えるようになりました。しかし、いくら考えてもすぐには突破口は見つかりません。以前から知り合いだった先輩に相談に行きました。先輩はコンサルティング会社をしていました。

「どうしよう」

「いてちゃん、理念持っているか」

いきなり、そう聞かれました。理念なんて今まで考えたこともありませんでした。

「仕事には理念が必要や。今から考えよう」

驚きました。熟考しないと出ないものだと思いましたが、その場で考えることになったのです。

伝統、玉ねぎ発祥の地、おいしい玉ねぎ、衰退の一途をたどっている玉ねぎ復活、思いつくままにあれこれキーワードを出しているときに、ふと脳裏を過ぎったのが、かあちゃん（智子さん）の言葉です。

「うちの玉ねぎは、玉ねぎ嫌いでもおいしいと言ってもらえるし、食べた人がみんな喜んでくれるから食卓が明るくなるね」

「これや」

今でも射手矢農園のパンフレット、封筒、ホームページに使っているフレーズです。

「伝統と素晴らしい味を守りたくて百姓やってます、食卓が明るくなる野菜を育てます」

このときから、土ばかり見ている農家ではなく、消費者の顔を思い浮かべる農家になりました。

小口の販売も始めることにしました。ホームページを作り、ネット注文を受けて玉ねぎを販売することにしたのです。

「玉ねぎみたいなものを高い送料を出して買う人がいるわけがない」

そんな声が耳に届いてきましたが、いくらおいしい玉ねぎでも、人に知られていなければば売れません。そこで『泉州玉ねぎ・長左エ門』と名付けて、ブランド化に取り組みました。各地の有名レストランへサンプルを提供して味を知ってもらいました。

関西の農家がホームページを持つことが少なかった時代から、野菜がどうやって育つのか、どんな人が育てているのか、いつが収穫時期なのかが一目でわかるホームページを立ち上げていた射手矢農園は、マスコミの目にとまりやすい存在になります。玉ねぎのネット販売は、さほど大きな売上げに繋がりませんでしたが、全国に「泉州玉ねぎがおいしい」ことを知ってもらえ、認知度アップには大いに貢献しました。

小口の宅配をはじめ、頼まれればどこへでも出荷することにしたものの、収穫をしながら小口の出荷をするのはかなりの時間と手間がかかり、肝心の農作業が思うようにできません。あまり宅配が普及していなかったこともあり、一日、何ケースもの玉ねぎを仕分けして宅配業者の営業所まで運ばなければならない時代でした。そこで、玉ねぎ、馬鈴薯等を中心に野菜を集荷販売している阪南青果（株）に選別から委託することにしました。売り先も広がり、多くの注文を受けても収穫に集中できるようになりました。農協を通さず売ることで、自分で値段を決めることができます。今まで一キロ七五円だった玉ねぎ価格は一〇〇円になりました。こうして少しずつ、農協以外の売り先を模索し始めていた頃、あるスーパーとの出会いがありました。当時、青年会議所の理事長だった射手矢さんが、会議に出席したときに背中越しに座っていた人と名刺交換したときのことです。

「射手矢さん、何やっているの」

「農家です」

このときの名刺交換が、運命を変えるほどの新たな出会いを生み出しました。その人の知り合いが、おもしろい農家を探していた大阪の高級住宅地に近いスーパー「大丸ピーコック（当時）」の担当者を紹介してくれたのです。担当者は射手矢農園の玉ねぎに興味を持ち、家まで訪ねてきました。

「この玉ねぎを売ろう。これならいける」

と、あの規格外で二等品と言われた大きな玉ねぎを気にいってくれました。

担当者はそう言ってくれたもののスーパーに並んだ大きすぎる玉ねぎを見て、販売する側は、あまりいい顔をしてくれません。何しろ大きいのです。

そのとき、玉ねぎを見て、決定権を持っていた部長が言いました。

「大きい玉ねぎを売ろう。射手矢農園の名前を付けて売ればいい」

「射手矢農園の玉ねぎ」の誕生でした。射手矢さんは、店頭に立って試食をすすめ、販売しました。農協に出荷している農家は決してやらないことです。だって、出荷後、どこのスーパーで売られているのかわからないのですから、やりたくてもできません。試食と店頭での説明の甲斐があり、「射手矢農園の玉ねぎ」は、飛ぶように売れ、大丸ピーコックの定番商品になりました。

あるとき、東京の知り合いに、

「どうして東京で玉ねぎを売らないの」

と聞かれ
「ルートがないから、スーパーにあるお客様ご意見箱に射手矢農園の玉ねぎを置いて欲しいという要望を書いて入れてくれ」

と軽い気持ちで言ったところ、知人はどうしても射手矢さんの玉ねぎを食べたかったのでしょう。律儀にもそう書いてご意見箱に入れてくれました。

すると「ご無沙汰しています」とあの大丸ピーコックの部長から連絡が来ました。なんと、あのときの部長が東京に転勤になっており、ご意見箱に入っていた射手矢農園の玉ねぎを置いて欲しいという要望を見たのです。おかげでとんとん拍子に話がまとまりました。人と人との繋がりやご縁の大切さを実感しました。

泉州玉ねぎを全国区にしたい

大阪の北浜にある「マリリンズ・キッチン」という店を紹介されて、玉ねぎを送ることになりました。すると店主から、

「土がついてるから、土を取ってきれいにして送って」

と苦情が来ました。

「うるさいこと言ってくるなあ」と心の声。玉ねぎに土がついているのは当たり前だと思いながらも、渋々ピカピカに磨いて送りました。すると、しばらくして店主から、

「東京のグランドハイアットの総料理長に玉ねぎを送って」

との注文。総料理長がどんな人か調べてみると、その肩書のすごさにびっくり仰天。元香港のグランドハイアットの総料理長でもある伝説のシェフ、ジェセフ・ブデ氏（二〇〇三年の開業時から二〇一〇年まで総料理長を務める）だったのです。

「有名な外国の俳優が泊まるホテルや。えらいこっちゃ」

えらいこっちゃはまだまだ続きます。

「君の玉ねぎが日本で一番うまい」

そう総料理長が言っていると言うのです。

「マリリンズ・キッチン」は、日本全国から店主が気に入ったおいしい野菜や豆腐、醤油、パンを取り寄せて出しているお店です。素材そのもののよさを損なわないために、調理をあまりしていない状態で出しており、芸能人もよく通っています。

その後も「マリリンズ・キッチン」からは、母親が病気であまり食欲がないという歌手に玉ねぎを送ってと頼まれ、そこからさらに、おいしかったから食通で有名な大物タレントのTさんに渡したいので送ってと言われました。このことは、射手矢さんの大きな励み

になりました。味に自信が持てたことで、商談にも余裕がでてきました。

あのジェセフ・ブデ氏に日本で一番おいしいと言わしめた玉ねぎは、生でも瑞々しく甘みがあり、加熱したらしたで独特の甘みと旨味があります。

直接スーパーと取引を始めてから射手矢農園の経営状況は劇的に変化しました。栽培面積の増加も理由の一つです。後継者がいない近隣農家が畑を耕せなくなったときには、進んで手助けをし、やっかみを言われても気にせずに、頼まれれば面倒なことでも引き受けていました。「性分なんだ」と彼は言いますが、なかなかできることではありません。そのうち、近隣農家は畑が耕せなくなったら射手矢農園に頼もうというムードに変化していきました。

でっかい『松波』キャベツ

玉ねぎ農家だと自分で言う射手矢さんですが、キャベツも人気商品です。射手矢農園のキャベツは、でっかくておいしい、お好み焼きには最高だと評判です。出会いは、射手矢さんが高校生の頃のことです。

「『松波』キャベツは育てやすいキャベツで、不揃いにならず、均一に育ちますよ」と種苗業者から売り込みがあり、両親が育て始めました。

『松波』は泉州の土地に馴染みました。両親から引き継ぎ、育て方を試行錯誤しながら、安定した出荷ができるようになっていきました。

キャベツとキャベツの間隔を狭くして育てれば畝あたりの収穫量は増えますが、窮屈な場所で育ったせいでストレスが溜まります。ところが、間隔を広くして「いくらでも大きくなれよ」と育てたキャベツは、ストレスがなく、のびのび成長するので芯まで甘い糖度の高いキャベツに育ちます。五千株のキャベツを植えていたところを三千五〇〇株にしてみよう、三千株にしてみようと工夫する過程で、キャベツはどんどん大きく、甘くなっていきました。間隔を広くすることで日射時間が短くなる秋冬でも十分に陽が当たります。

店頭で見かけるキャベツはだいたい周囲が六〇から七〇センチメートルくらいですが、射手矢さんの松波キャベツは周囲が約九〇センチメートル以上、重さ三キロほどもある巨大なものでした。キャリーバックに二個しか入りません。狙ったわけではありません。結果的に大きなキャベツになったのです。生でもおいしいですが、熱を加えるとさらに甘くなるため、お好み焼き店で引っ張

松波キャベツ

りだこなのです。

射手矢農園が育て始めた『松波』という品種は、近隣の農家でも栽培するところが増え、今や泉州キャベツの代名詞のようになっています。

若手農家の「兄貴」のように

忙しいときにはアルバイトを含めて三〇人ほどになる大所帯。その食事を「かあちゃん」が支えています。働き者の「かあちゃん」あっての射手矢農園です。

働いているのは、地元のやんちゃだった少年が多く、現在専務として農場を率いているジュンヤさんは、幼稚園の頃に射手矢さんが剣道の指導をしたのが縁です。実は射手矢さん、剣道五段の腕前なのです。ジュンヤさんは、小学生の頃からやんちゃ道まっしぐらでしたが、中学生の頃から土日には、

「バイトさせてくれ」

と射手矢農園に来ていました。

母子家庭で育ったジュンヤさんは、射手矢家のかあちゃんが作るご飯を一緒に食べて、初めて家庭の味を知ったのです。

「サンマっておいしい、イワシもおいしい」

コンビニ弁当ではない、家庭の味に出合いました。その後、高校を中退。ジュンヤさんのお母さんにも頼まれ「うちで預かろう」ということになりました。

ジュンヤさん、今は株式会社になった射手矢農園の専務です。

ここで働いている若者はほとんどがご近所さん。

「農業はカッコええし、女にもてるでえ」

なんて甘い言葉で誘われて、他所では真面目に働いたことのない子でも、ここでは一生懸命に仕事をしています。怠けたり、いい加減なことをすると、厳しく指導されますが、一本筋が通っているので、彼らは逃げずに前を向いて取り組みます。それに、彼らが寝ているときでも

玉ねぎ畑

射手矢さんは畑の畝(うね)作りをしています。そんな姿をみんなが知っているのですね。

射手矢農園株式会社になる

二〇一五年一〇月、射手矢農園は、株式会社になりました。今年はたくさん採れたから儲かった、不作だったから儲からなかった、そんなお天気任せの経営ではなく、不安定な天候でも安定した経営をするために株式会社設立に踏み切りました。法人になれば、融資限度額も拡大し、資金繰りも、経営も安定します。

農家のコンプレックスを克服したいのもあったと射手矢さんは言いました。法人にして世間に認められるようにしたかった気持ちもありました。社会保険への加入、固定給制にすることで就業条件も明確にできます。さらに射手矢農園では、歩合制も取り入れ、頑張って働いた分は多く出せるようにしています。それでもずっと続けているかあちゃんが作るお昼ご飯は、今まで通り無料です。

新規就農者の畑に出向き、手助けもしています。南海難波駅二階の改札口で、泉州の野菜を販売している、泉州ブランド野菜直売所「Vege Sta.」（ベジステ）では、若手農家が自ら野菜を運搬し、直接店頭販売をしています。その若手農家の兄貴分的存在でもあります。

射手矢農園は、関西空港にほど近い泉佐野市上之郷にあり、大阪市内からは電車で約一時間。毎年二月末頃に開催される松波キャベツの収穫祭には、三〇〇人以上が集まります。倉庫に手作りの屋台が並びます。射手矢さんを兄貴と慕っている若い農家が野菜や加工品を販売、お好み焼き屋、焼肉屋、イタリア料理、フランス料理、そして日本料理の料理人たちが、射手矢さんのキャベツを使って腕を振るいます。

参加者はわずかな参加費を払い、キャベツの収穫をし、屋台料理を好きなだけ食べて過ごす、アットホームなお祭りのようなムードです。誰もがニコニコして、あのでっかいキャベツを格安で購入。一個持ち帰れば十分ですが、カート持参で二個以上持って帰る人が大多数です。きっともう一個は誰かに「おいしいよ」とお裾分けですね。もらった人は必ず聞くでしょう「どこのキャベツ?」と。

「来てくれた野菜ソムリエさんが、また人を誘ってくれるんや。店まで紹介してくれることもあるからほんまありがたいで」

射手矢さんはしみじみ言っていましたが、頼まれなくても紹介したくなるのです。イベントに参加した一人の野菜ソムリエさんが、別の野菜ソムリエさんを誘い、また一人、二人とファンができました。その知り合いがお好み焼き店の人に声をかけ、また、その知り合いが別のシェフに声をかけます。若い頃に出会い、「好きだから百姓をやってます」と名刺に書いていた寺田さんとは、今も刺激しあえる仲です。射手矢さんも、今は胸を張って「好きだから百姓をやっています」と言えます。

「四〇歳までは足し算やけど、四〇過ぎたら掛け算や」

　三〇代は失敗をしても乗り越えたらあとから糧になる。結果がダメでも足したり引いたりしながら経験値を積めばいい。四〇代になったら三〇代の経験が生きてくるので、掛け算していけるようになるということです。人との繋がりを何より大切にしてきたからこその言葉です。

田んぼアート

■農業者概要

射手矢農園株式会社
射手矢康之（一九六八年生まれ）
　智子（一九七五年生まれ）
大阪府泉佐野市
就農／一九八八年
農地面積／約二三ヘクタール（約二三万平方メートル）
主な栽培品目／キャベツ・玉ねぎ・米、加工品
売上／農作物一億三千万円
　加工品一千万円
スタッフ／従業員五名、パート四名

■射手矢農園株式会社の玉ねぎ、キャベツを購入できる場所

・射手矢農園株式会社
大阪府泉佐野市上之郷三三〇一
電話　〇七二－四六六－四一五六
玉ねぎ　五月～七月頃、キャベツ　十二月～三月頃
http://www.tamanegi.tv/
（射手矢農園株式会社からのネット購入）

●農家の台所（ネットショップ）
http://www.noukanodaidokoro.com/
●泉州ブランド野菜直売所「Vege Sta.」（ベジステ）
南海難波駅二階改札内

■射手矢農園株式会社の玉ねぎ・キャベツが食べられるお店

●旧桜ノ宮公会堂
大阪市北区天満橋一－一－一
電話　〇六－六八八一－三三三〇
●リストランテ・ベツジン
大阪市天王寺区悲田院町四－一四
電話　〇六－六七七二－九四八五
●ドゥ・アッシュ
大阪市中央区東心斎橋一－七－一八
電話　〇六－六二五八－六三三三

●ワッシーズダイニング・スプール
大阪市天王寺区六万体町五―一三　Wビル三F
電話　〇六―六七七四―九〇〇〇

●洋食Revo
大阪市北区大深町四―二〇 グランフロント大阪南館 七F
電話　〇六―六三五九―三七二九

●想咲鉄板焼 千陽
大阪市阿倍野区昭和町五―一二―一三
電話　〇六―六六二三―〇〇八二

●ねぎ焼・お好み焼・鉄板焼　福太郎
大阪市中央区千日前二―三―一七
電話　〇六―六六三四―二九五一

●お好み焼き でん
大阪市西成区鶴見橋一―五―一八
電話　〇六―六六四六―六八七八

あとがき

私は、放送作家です。テレビ番組の企画や構成をするのを生業にしています。番組に関わる中で一番興味深いのは食べもの、おいしいものでした。どんな人がどうやって作っているのだろうと取材をしながら、いつも「ちょっと幸せ」を私自身がお裾分けしてもらっていました。

キャベツがどうやってできるのかを取材中に、収穫したばかりのキャベツの芯を切って「ほら、食べてみ」と手渡されたとき、その甘さにびっくり仰天しました。今まで端っこによけていたキャベツの芯が、本当は一番おいしい部分だと気付いた瞬間でした。

一房のぶどうが店頭に並ぶまでの一年間、農家さんがどれだけ大変な作業をしなければならないのかを知ると、もうぶどう一粒だって無駄にしたくありません。

私たちは食を人任せにしていたように思います。その結果、規格品ばかりを追い求め、低価格を追い求め、農業をダメにしていました。誰かのせいにするのではなく、「自分たちで農業を変えていく」という気概に満ちた農家さんに会えば会うほど学ばせてもらい、元気をもらいました。

「農家で生きていく」と決めた日から道なき道を自分でコツコツ切り拓き、周りの人たちに助けられ、感謝し、自分で販路を開拓しています。農作物を買ってもらってこそ農家は生きていけるのです。

農家は決して一人で頑張るだけではうまくいきませんが、縁もゆかりも経験もない人が力を貸したくなってしまう不思議な職業です。こんな職業は他にはあまり見当たりません。どうしてでしょう。昔から田植えの時期に、村中総出で手伝っていた日本人としてのDNAがあるからかもしれません。

関西ローカルの生活情報番組『ちちんぷいぷい』（毎日放送）という番組を十七年間続けるうちに、自然と農家さんや生産者の方々にお話を聞く機会が増えました。テレビの影響力はすごいもので、番組で紹介したとたん、電話は話し中、ファックスはパンク、ネットに不具合が生じることも度々勃発しました。購入者が続出して三ヵ月待ち、半年待ちになることもありました。

生産者の顔が見え、農作物を育てている農家さんの思いや、加工品を作っている工程が伝わり、加えて番組に登場するタレントがおいしそうに食べている映像がたっぷり流れるからかもしれません。誰が、どうして、何を、どんな気持ちで作っているのか、物言わぬ野菜や魚、ソースにどんな思いが隠されているのかを調べていく過程で、そこに人生が見え隠れし、物言わぬ野菜の中に潜んでいる物語を見つけ出すのがおもしろく、楽しみになってきました。

ただし、いいものを作っていてもそのよさを知ってもらわなければ、なかなか購入には結びつきません。農作物が適正価格で売れなければ農家は食べていけません。そのためには、自ら販路を開拓しなければなりません。他のビジネスと同じです。

話を聞かせてくれた農家さんに共通していたことは、人との繋がりを大切にしていたことです。自分が作っている農作物だから、自信を持って売ることができます。農業の業界だけでなく地域も含めて元気にしていこうとしている多くの農家さんに出会いました。俺が作ったぶどう、私が作ったカボチャ、どの農家さんも農業を活性化するためにどんどん表舞台にも立とうとしています。農家さんの人柄が野菜の魅力にプラスされ、あの人が作った野菜、果物なら買いたいと言う消費者も出てきました。自分の足でしっかり立ち、将来を見据えている若いパワーがどんどん大きくなっているのを感じています。

決して、甘い世界ではありませんが、やりがいのある世界です。しゃかりきになれば可能性が広がる世界です。やっと、農家出身でなくても農家になりやすくなってきました。

今がチャンスです。
「ねえ、農家になってみませんか」

湯川真理子

取材にご協力いただきましたみなさまに、

深くお礼を申し上げます。

湯川真理子（ゆかわ・まりこ）

1958年和歌山県田辺市生まれ。放送作家。お笑い、バラエティー、情報番組、音楽番組、ドキュメンタリー等、幅広いジャンルのテレビ番組に関わる。ここ数年、食と農に関する取材をライフワークとする。主な担当番組『バラエティー生活笑百科』(NHK)、『ちちんぷいぷい』(毎日放送)、『朝生ワイド　す・またん』『ZIP!』(読売テレビ)

宝は農村にあり 農業を繋ぐ人たち

2017年10月17日　初版第一刷発行

著　者　湯川真理子
発行者　内山正之
発行所　株式会社西日本出版社
http://www.jimotonohon.com/
〒564-0044
大阪府吹田市南金田1-8-25-402
[営業・受注センター]
〒564-0044
大阪府吹田市南金田1-11-11-202
TEL 06-6338-3078
FAX 06-6310-7057
郵便振替口座番号　00980-4-181121

編　集　株式会社ウエストプラン
デザイン　鷺草デザイン事務所＋東 浩美

印刷・製本　株式会社シナノパブリッシングプレス

ISBN978-4-908443-20-6 C0095